水利工程施工
与管理探究

高立杰　刘永利　周爱猛◎主编

四川科学技术出版社

图书在版编目（CIP）数据

水利工程施工与管理探究 / 高立杰，刘永利，周爱
猛主编 . -- 成都：四川科学技术出版社，2024. 8.

ISBN 978-7-5727-1454-2

Ⅰ . TV5；TV6

中国国家版本馆 CIP 数据核字第 2024PH7864 号

水利工程施工与管理探究

SHUILI GONGCHENG SHIGONG YU GUANLI TANJIU

主　　编　高立杰　刘永利　周爱猛

出 品 人　程佳月
责任编辑　陈　丽
助理编辑　杨小艳
选题策划　鄢孟君
封面设计　星辰创意
责任出版　欧晓春
出版发行　四川科学技术出版社

　　　　　成都市锦江区三色路 238 号 邮政编码 610023

　　　　　官方微博 http://weibo.com/sckjcbs

　　　　　官方微信公众号 sckjcbs

　　　　　传真 028-86361756

成品尺寸　170 mm × 240 mm
印　　张　9
字　　数　180 千
印　　刷　三河市嵩川印刷有限公司
版　　次　2024 年 8 月第 1 版
印　　次　2024 年 8 月第 1 次印刷
定　　价　60.00 元

ISBN 978-7-5727-1454-2

邮　　购：成都市锦江区三色路 238 号新华之星 A 座 25 层　邮政编码：610023
电　　话：028-86361770

编委会

主　编：高立杰　　刘永利　　周爱猛
副主编：孙亚明
编　委：张　凡　　李书军

前　言

　　水利工程建设与人们的社会生活息息相关，因此对于水利工程建设，人们给予了更多关注。在技术革新的同时保障水利工程建筑的质量和施工效率，才能提升水利工程市场的整体发展。

　　作为中国经济发展中的关键因素之一，水利项目对于社会的进步、生态环境恢复以及各种基础设施的发展都有着深远影响。水利项目的核心，就是根据既定的目标，建设并维护水利设施，即水利工程施工。水利工程的运用、操作、维修和保护工作，是水利工程管理的重要环节。水利工程建成后，必须通过有效的管理，才能实现预期的效果和验证原来规划、设计的正确性。工程管理的基本任务是保持工程建筑物和设备的完整、安全，使其处于良好的技术状况。正确运用水利工程设备，以控制、调节、分配、使用水资源，才能充分发挥其防洪、灌溉、供水、排水、发电、航运、环境保护等效益。

　　做好水利工程的施工与管理是发挥工程功能的鸟之两翼、车之双轮。对于想要了解和掌握水电领域的专业知识的学习者而言，水利工程项目的施工与管理是学习的重要基石。该内容主要涉及如何在具体工程中制订并有效执行施工计划，以及对整个过程进行全面管理。本书首先介绍了水利工程的基本知识，为读者深入了解水利工程施工技术奠定了基础；其次分别就水闸和渠系建筑物施工技术、水利工程管道施工进行了探讨；最后对水利工程施工项目安全与环境管理和水利工程施工项目质量管理展开了深入的分析。全书内容丰富，实用性强，可供水利水电工程施工和管理的技术人员参考。

目 录

第一章 绪论

水利工程施工与管理是一个复杂的过程，涉及工程的规划、设计、施工以及后期的维护等多个环节。我国水利工程项目的建设在经济发展中发挥着越来越重要的作用，在这样的背景之下，各种新型建筑材料以及新型技术的研发与广泛使用，有效地促进了我国工程项目建设水平的明显提升。水利工程项目自身所具有的特征在一定程度上注定了水利工程项目实际施工过程中会有许多影响质量的因素，所以我们一定要采用科学合理的质量管理，从而更有效地实现对于水利工程项目施工质量的管理控制。本章主要介绍水利工程的常见问题、水利工程建设的特点、水利工程的历史与现状、水利工程勘查选址、水利工程质量检测，为了解水利工程施工技术奠定了基础。

第一节 水利工程的常见问题

百年大计，质量为本。水利工程建筑的发展历程已经证明，高质量的水利项目不仅能使企业在充满挑战和机遇的环境中占据一席之地并保持竞争力，还能为其长期稳定发展提供坚实的基础保障。作为历史悠久且水利工程项目对经济进步有重大贡献的国家之一，中国始终重视水的管理与利用问题。然而，近年来随着大规模水利工程项目的快速推进，一系列技术、组织及执行方面的不良现象严重威胁到了这些项目的整体品质，这已成为当前必须面对的关键议题，值得我们深入探讨和分析。

一、水利工程常见问题

（一）施工准备不周

任何一项水利工程建设项目，都可能会遇到恶劣的自然环境和复杂的地质条件。因此，水利工程设计和施工过程必须充分考虑这些因素，以确保水利工程的安全性、可行性和长期效益。当下的水利工程施工受到多重因素的影响，水利工程建设前期的设计图及可行性分析等工作无法全面、合理地开展，许多施工单位为减少开支，通常仅依据简化的文件信息进行解析，很少进行现场实际环境的深度调查。这种做法会导致施工过程中出现与现实不符的情况，使设计方案无法满足实际的施工需求，预期的效果也难以实现，从而大大地阻碍了施工活动的推进。

（二）施工人员和管理人员技术水平有待提高

水利工程之所以会出现各种各样的问题，最重要的一个原因就是施工人员和管理人员的综合素质不能满足本职工作要求。其具体表现为以下几个方面：①施工人员的专业技能和知识水平不足。许多施工人员可能缺乏必要的技术知识和经验，无法正确理解工程设计图纸和施工规范。②管理人员的项目管理能力和协调能力不足。管理人员无法有效协调各方工作，容易导致项目进度延误、资源浪费和成本超支。此外，管理人员如果缺乏解决现场问题的能力，不能及时处理突发状况和施工中的各种问题，也会影响工程的顺利进行。③施工人员和管理人员的安全意识和责任心不强。如果施工人员和管理人员缺乏安全意识，不严格遵守安全操作规程，忽视安全防护措施，就容易发生安全事故，危及人员生命和工程安全。

二、水利工程质量保证措施

（一）做好充足的前期准备工作

在开始实施水利工程项目之前，必须准确、全面地获取相关数据和信息，并据此制定详细的项目计划。只有做好了准备工作，才能有效地提升施工技术，提高水利工程的质量。地质勘测准备工作是全面了解施工场地的前提条件，为水利设施设计提供了基础框架，并确保所有环节能够顺畅运作。

（二）高度重视对人才的培养和引进

人作为水利工程施工中最活跃的要素，对施工起着决定性的作用，施工材料、机械设备等都是在人的操控下发挥作用的，所以，只有一支具备高水平的施工队伍，才能加快水利施工进度，保证施工质量和施工安全。

吸引优秀员工的关键在于提供具有吸引力的工作环境和待遇，以激发他们的积极性和创造力。此外，公司还需投入时间和资源来培训新员工，提升他们的工作能力。对于表现优异的团队成员，应当给予适当的奖励，确保公平公正地对待每一位员工。

（三）完善施工技术监管体制

为了确保水利建设工作人员能够有效履行其特定职责，必须建立并优化与之相关的建设技术监督系统。行政管理部门和领导人员应当意识到自身肩负着重要职责，严格把关水利工程施工质量。在行政管理过程中，应遵循目标责任制和"谁出问题谁负责"的原则，进一步明确责任分工，并通过强化和完善监控机制来保障建设的质量和效率。

（四）全面学习施工技术

技术是工程建设的必要前提，要求每一个参与施工建设的单位、部门和人员都需要掌握先进的建筑技术和工艺，在各方的积极协作下，有效地提高工程建设的质量，应该熟练掌握的建筑技术主要有以下几项。

1.预应力锚固技术

预应力锚固技术在水利工程施工的过程中起着至关重要的作用，其具备高效益和广泛应用的特点，同时也有助于强化和巩固项目的核心部分。基于这一技术的优势特征，将其适当运用在水利工程建设施工中，能够发挥良好的效果，有效提高水利工程主体的受力能力，加固并夯实水利工程的主体。

2. 大片混凝土碾压技术

大片混凝土碾压技术是一种常用的施工方法，特别适用于大坝、堤防、水库等混凝土结构的建设和维护。这种技术通过机械碾压的方式，对混凝土表面进行处理，以达到密实、平整和耐久的效果。这主要是立足于混凝土占地空间小、强度高、质量优的优点而采取的技术方法，同时土石坝施工过程相对简单，同其他的技术相比，大片混凝土碾压技术能够有效夯实混凝土，提高其牢固度。

3. 地基处理技术

常见的地基处理技术包括团结灌浆技术、回填灌浆技术、砂垫层技术和桩基技术。在进行地基处理时，首先需要清除地面上的所有障碍物，同时深入分析项目所在的地理环境和地质条件，以便作出适当的选址决策。作为水利工程建筑的基础，地基处理对水利设施的质量具有巨大的影响。

4. 施工导流技术

施工导流技术是指在水利工程中用于管理水流、控制水位和调节水流方向的一系列技术手段和方法。它在水坝、堤防、水闸等工程中起着至关重要的作用，能够有效地保障工程安全和运行稳定。考虑到枯水期的工程建设，土方石工程以及混凝土工程等的施工建设，以及人员设备等多项资源分配的工作，施工导流技术可谓是水利施工技术的重中之重。

水利工程施工质量管理受多方面因素的影响，包括人员、机械设备、原材料、法律法规和环境等。在实际施工过程中，要充分考虑水利工程的特殊情况，不断完善质量管理体系，加强质量意识，提高施工技术水准，最大程度保障施工质量。

第二节 水利工程建设的特点

一、水利工程建设的内涵

水利工程建设是指依据水利工程项目初步设计所确定的工程类型、

任务、规模和总投资等情况，进行一系列水利工程建设活动。这些过程包括建设前的准备、施工技术的选择以及建设过程的管理等方面。

水利工程建设项目有多种分类方式：①按照功能进行划分，可分为经营类、公益类及准公益类；②按照对于经济发展的作用程度，可分为地方及中央基本建设项目；③根据总投资额和建设内容划分，可分为小型及中大型项目。

水利工程建设一般包括以下程序及阶段：①出具项目建议书及可行性研究报告；②做好施工准备工作；③开展工程初步设计；④根据项目初步设计进行工程的具体建设实施工作；⑤项目完成后进行竣工验收；⑥进行评价。以上各个工作的进行时间可以重叠。

二、水利工程建筑产品的特点

（一）固定性

固定性是建筑产品与一般工业产品的最大区别。

与其他的工程建筑产品相同，水利工程建筑产品也是基于用户的需求而设计的，通过一系列的施工流程构建而成。建筑产品的基础与作为地基的土地直接联系，因此建筑产品在建造中和建成后是不能移动的，建筑产品建在哪里就在哪里发挥作用。

在某些情况下，一些建筑产品本身就是土地不可分割的一部分，如油气田、桥梁、地铁、水库等。

（二）多样性

通常情况下，水利工程建筑产品是依据建设单位（业主）的需求由规划与实施团队设计的，并需要按照特定的条件来完成。因为这些设施的功能需求各异，所以对于每个具体的构建物的构造、外观、空间划分及装置都存在明确的规定。

即使功能要求相同，建筑类型相同，但由于地形、地质等自然条件不同以及交通运输、材料供应等社会条件不同，建造时的施工组织、施工方法也存在差异。水利工程建筑产品的这种特点决定了水利工程建筑产品不能像一般工业产品那样进行批量生产。

（三）独特性

水利工程项目体系的独特性来源于其庞大、复杂、多样化的特征，这些特征决定了每个项目在规划、设计、施工和运行管理等方面都需要针对具体条件和目标制定独特的解决方案和策略。

（四）体积庞大

水利工程建筑产品作为生产和应用场所，需要内部布置各种必要的设备和工具。与其他工业产品相比，水利工程建筑产品通常体积庞大，占有广阔空间，并具有较强的排他性。由于其体积庞大，水利工程建筑产品对环境影响显著，因此必须严格控制建筑的选址和密度，确保符合流域规划和环境规划的要求。

二、水利工程建筑施工的特点

（一）专业性

在水利工程项目中，施工团队必须持有国家认可的专业资格证书，并且在施工过程中必须严格遵守国家规定的标准和规范。此外，由于建设地点的地质环境可能复杂多变，因此需要专门负责勘察设计的部门进行详尽勘察和设计工作。

（二）流动性

水利工程建筑产品施工的流动性有两层含义。一方面，水利工程建筑的产品是在特定地点建造的，因此生产者和设备需要根据建筑物所在地的变动而进行移动。与此同时，相关的原材料、附属加工企业以及生产和居住设施也经常会搬迁。另一方面，水利设施的建设成果被永久性地固定在土地上，并与其紧密结合，因此在建造过程中，这些成果保持静止不动，而人员、资源和设备则需要在不同工地之间移动，以实现从一个工地到另一个工地的转移，或者从一个水利设施的一部分到另一部分的移动。这种特性对施工计划提出了要求，即需要确保人员、设备和物资的流动之间达到协调一致，从而保证施工进程的持续进行。

（三）单件性

水利工程建筑产品施工的多样性决定了水利工程建筑产品的单件性。每个建筑产品都是按照建设单位的要求进行施工的，都有其特定的功能、规模和结构，因此工程内容和实物形态都具有个别性、差异性。

工程所处地区、地段的不同更增强了水利工程建筑产品的差异性。这种差异性要求工程设计者和实施者在每个具体项目中充分考虑地理、气候、社会经济、环境、文化等多方面因素的影响，制定出符合实际条件和需求的定制化解决方案，以确保工程的顺利实施和长期稳定运行。

（四）综合性

水利工程建筑产品的生产施工需要施工单位、业主、金融机构、设计单位、监理单位、材料供应商、分包单位等多个部门之间密切合作、互相支持，这决定了水利工程建筑产品的施工过程具有非常强的综合性。

（五）周期性

由于大型的水利建设项目的规模巨大且耗时较久，一些项目可能需要花费一年或更长时间来完成，有些甚至可能需要十年以上的时间才得以竣工。因其必须长期大量占用和消耗人力、物力和财力，要到整个生产周期完结才能出产品，故应科学地组织水利工程项目建设，不断缩短生产周期，提高投资效益。

第三节　水利工程的历史与现状

一、水利工程的历史

（一）邗沟

邗沟（今里运河）建于公元前486年，位于江苏扬州—淮阴（现为淮安）段，沟通长江和淮河。邗沟是我国有记载可考的第一条人工运河，沟通长江、淮河两大水系，是南北大运河最早的人工河段。

邗沟河道作为隋唐南北运河的一段，对南北水运交通具有重要的意义。邗沟的驿路水利设施，在唐诗中就有相关记录。作为唐朝沟通南北的水运要道，邗沟频现于送别、行旅题材的诗作当中。

邗沟沿线的津渡驿路是最繁忙的，旅程起点、终点、途中总会关涉。在部分唐诗中，水驿等地的记载有两种不同的方式：一种是作为简单的地理标记，比如《汴路水驿》中的"晚泊水边驿，柳塘初起风"，只是简单描述了地点和环境；另一种则是包含了周边环境的生动描绘，其目的是通过这些场景来表达诗人的情感和感受。唐诗对开挖邗沟多有提及，主要关注隋炀帝开挖运河的功过。罗邺的"炀帝开河鬼亦悲，生民不独力空疲"，谴责隋炀帝开挖运河工程这一行径。皮日休的"应是天教开汴水，一千余里地无山"，则给隋炀帝洗冤，因运河水利带动了经济发展。许棠则直接反问"宁独为扬州"，揣测隋炀帝的心思，应该有"所思千里便"的考量，便忍痛"岂计万方忧"了，利弊权衡之下作出决断，似情有可原之意。运河开挖工程本身并无过错，过错在工程实施过程中不顾百姓疾苦，隋炀帝本人过于奢侈，以致家国灭亡，发人深思。

（二）都江堰

都江堰位于四川成都，坐落于岷江沿岸的西部。它最初的建设始于公元前256年，由当时的蜀郡太守李冰带领当地百姓完成。这座大型水利工程不仅继承了前人的开拓成果，也展示了人类的辛勤劳动和智慧。作为中国古代文明的重要组成部分，都江堰是劳动者们卓越贡献的象征之一。

公元前316年，秦惠文王吞并蜀国。为了将蜀地作为灭楚并统一天下的关键战略据点，秦国决心全力治理岷江水患。大约在公元前277年，秦昭襄王任命李冰为蜀郡太守。李冰借鉴了大禹、鳖灵的治水经验，合理利用地形、河势等自然条件，灵活应变，精妙地布设了都江堰渠首工程，包括鱼嘴、飞沙堰、宝瓶口等。

都江堰不但解决了岷江的水患，而且发挥着灌溉、防洪等综合作用。得益于都江堰的滋养，成都平原发生了翻天覆地的变化，一举成为物阜民丰的天府之国。都江堰建成后，秦国依托蜀郡奠定的坚实的物质基础，在公元前 223 年一举灭掉楚国，并于公元前 221 年实现了"大一统"。

（三）郑国渠

郑国渠的水源地位于泾河从山区向平原过渡的地带，海拔约为450 m，比咸阳市区的渭河高出大约 50 m。关中平原北部边缘的山前斜坡冲积扇平原呈现出西北至东南的高低分布趋势。郑国渠的水源地位于泾河和北洛河之间，正好处于关中平原北部边界和山前斜坡冲积扇平原的西北角，这使得它能够覆盖泾河东部和北洛河西部的关中北山山前斜坡冲积扇平原区域。

郑国渠的水源地处于流域上游，年均径流丰富，因此水量充足且稳定。这使得它类似于中国古代著名的水利工程项目——都江堰，是一项重要的农业水利设施工程。尽管随着时间的推移，郑国渠的具体位置和设计可能有所调整，并被赋予不同的名称，但其根本目标始终如一，即有效利用黄河支流的水力资源，以实现对农田的高效灌溉。其基本以王桥镇西街为界，往西为各个时期的渠首工程分布区，往东为灌区。在王桥镇西街以西，泾河由山区隘谷地貌转变为"U"形河谷，这一特殊位置就是狭义的谷口。谷口及以北是北山山前断裂带，地形变化较大，谷口以北因阶梯状断层组合基本延续了北山山势，故谷口以上泾河下蚀作用强烈，隘谷地貌典型；谷口以下平原地貌典型，河流侧向侵蚀作用明显，河面一下子宽阔起来，河曲发育，在谷口王桥镇西街有明显的两个河曲，形成了一个"S"形河道。从平面上看，从谷口到王桥镇西街泾河河道的形状是葫芦状，葫芦口就是谷口。"瓠"是葫芦之意，谷口及附近以南段区域也就是史书上记载的"瓠口"。谷口以南的瓠口范围分布着秦到隋唐引水渠首工程遗迹，谷口以北至现代泾惠渠大坝分布着宋至今引水渠首工程遗迹，谷口是黄土区，引水渠为土质渠道；谷口以北的宋元明清至今引水渠首工程遗迹是在奥陶纪石灰岩与第三纪砾岩区，引水渠主要为石质渠道，宋代丰利渠引水口遗迹最为清楚，为石灰岩中凿开的引水口，其高于泾河水面约 20 m。所有渠首引水工程基本到王桥镇西街汇合，并入向东拐的灌区古河道中。

（四）灵渠

公元前 214 年，为了满足军需物资的运送需求，秦始皇命令开始修建名为"灵渠"的水利设施。灵渠全长 37.4 km，主体工程由铧嘴、大小天平、南渠、北渠等部分组成，是我国著名的古代水利工程，与都江堰、郑国渠并称"秦代三个伟大水利工程"。1988 年，灵渠被列为全国重点文物保护单位。2018 年，灵渠入选世界灌溉工程遗产名录。

（五）京杭大运河

京杭大运河站建于春秋时期，后经多次修建，是世界上里程最长、工程最大的古代运河，途经北京、河北、天津、山东、江苏、浙江，贯通海河、黄河、淮河、长江、钱塘江水系。

在明清时期，随着京杭大运河的完善，这条运河以其独特的漕运功能，将全国各地的经济和政治中心连接了起来，使得江河流域的原材料和成品生产地得以汇聚在一起。京杭大运河南起杭州，北至北京通州，将海河、黄河、淮河、长江和钱塘江 5 个水系连接起来，并且以"南四湖"之一的山东微山湖为主要水源，总长度约 1 797 km。大运河不仅是一条交通路线，更是一个千年来不断发展的文化源泉。这条横跨中国的古老水道见证并促进了南北方文化的碰撞与融合，成为中华民族重要的组成部分。大运河还是国际的文化桥梁。中华文化借助大运河走向世界，反过来，外国文化也在大运河上传入中国。这种文化特质正是联合国教科文组织所概括的：它是人类迁移和移动过程的表现，同时也展示了多种价值观、知识、思维方式及产品之间的相互影响与长期合作关系，从而实现超越时间的文化互动与整合。经过几千年的演变，大运河沿岸的地区已经形成了一系列独特且富有魅力的文化景观和人文环境。如今，大运河周边有着众多文化节日和相关品牌标识，例如，嘉兴的灶头画和天津的杨柳青镇等，都在散发出各自的光彩。

元、明、清三个朝代均将北京作为首都，使北方成为一段时期的政治中心。庞大的官僚机构和军队消耗了大量物质资源。然而，当时中国的经济中心已转移到南方，大量税收和产品不断从南向北流动。大运河的主要任务是连接东西两部，并促进南北之间的经济、文化和商业互动。

南方城市生产的茶叶和丝绸制品具有显著的地方特色，而北方如人参和皮草等产品则通过大运河实现了与南方的贸易活动。公元1292年，郭守敬主持引流白浮泉水，流经大都西门之后，在积水潭汇聚，之后经由崇文门开始向北京通州的高立庄延续，其终点在白河，这段总长度为82 km的运河称为通惠河。通惠河投入使用后的几百年里，京杭大运河一直发挥着南北交通枢纽和关键环节的重要作用，带动了沿岸地区贸易、运输业的发展。随着大运河的发展，沿岸相继出现了几十个商业城镇，对古代经济发展做出了巨大的贡献。大运河在流经京、津、冀、鲁、苏、浙各地区的同时，也自发编织了一张连接钱塘江、淮河、长江、黄河以及海河的水路运输网络，这对于加深我国历史上南北方的交流融合发挥着不可替代的作用。另外，天津、杭州、苏州和扬州等沿岸商埠，由于是大运河沿岸的主要商品集散中心，因此其商业兴衰与运河的历史演变基本一致。

二、水利工程的现状

我国是一个水旱灾害频繁发生的国家，从一定意义上说，中华民族五千多年的文明史也是一部治水史，兴水利、除水害历来是治国安邦的大事。中华人民共和国成立后，党和国家高度重视水利工作，领导全国各族人民开展了波澜壮阔的水利建设，取得了举世瞩目的成就。近年来，党中央、国务院作出了更多关于加快水利改革发展的决定，进一步明确了新形势下水利的战略地位与水利改革发展的指导思想、目标任务、工作重点和政策举措，必将推动水利建设实现跨越式发展。

（一）我国水利建设现状

中华人民共和国成立之初，我国境内大部分河流都处在不受约束或者仅有有限管控的状态，水力资源的利用率相当低。农业灌溉和排水设备严重不足，现有的水利项目多已损坏且未得到修复。几十年来，我国围绕防洪、供水、灌溉等，除害兴利，开展了大规模的水利建设，初步形成了大、中、小、微相结合的水利工程体系，水利面貌发生了根本性变化。

1. 水资源配置格局逐步完善

现阶段，我国已经建立了一套以储蓄、引导、提升及调节为主导的水资源分配系统。例如，密云水库和潘家口水库的建设对北京市和天津市的供水产生了关键影响，辽宁大伙房输水工程和引黄济青工程的兴建，也有效改善了辽宁中部城市群和青岛市供水紧张的局面。随着南水北调工程的建设，我国逐步形成了"四横三纵、南北调配、东西互济"的水资源配置格局。全国水利工程年供水能力较中华人民共和国成立初期大大增强，城乡供水能力大幅度提高，中等干旱年份可以基本保证城乡供水安全。

2. 农田灌排体系建立

中华人民共和国成立以来，特别是 20 世纪 50 年代到 70 年代，我国开展了大量的农村水电工程项目，并积极扩大其覆盖范围，提高易积水地区的排水能力，提升排水功能，使得我国初步建立了农田灌排体系。目前，全国已建成万亩以上的大中型灌区 7 330 处，灌区内农田实现了旱能灌、涝能排。全国农田灌溉水有效利用率明显提升，年节水能力达到 480 亿 m^3。2012—2022 年来，累计恢复新增灌溉面积达到 6 000 万亩，改善灌溉面积近 3 亿亩，有效遏制了灌溉面积衰减的局面。全国农田有效灌溉面积从 2012 年的 9.37 亿亩增加到 2022 年的 10.37 亿亩。通过实施灌区续建配套与节水改造，发展节水灌溉，农业灌溉用水有效利用系数，从中华人民共和国成立初期的 0.3 提高到 0.5。农田水利建设极大地提高了农业综合生产能力，以不到全国耕地面积一半的灌溉农田生产了全国 75% 的粮食和 90% 以上的经济作物，为保障国家粮食安全做出了重大贡献。

3. 水土资源保护能力得到提高

在水土流失防治方面，采用小流域为单元进行整体规划，包括山、水、田、林、路、村，实施工程、生物和农业技术相结合的综合治理措施。对长江、黄河上中游等水土流失严重的地区实施重点治理，充分利用大自然的自我修复能力，在重点区域实施封育保护，已累计治理水土流失面积 105 万 km^2，年均减少土壤侵蚀量 15 亿 t。在生态脆弱河流治理方面，通过加强水资源统一管理和调度、加大节水力度、保护涵养水源等综合措施，实现黄河连续 11 年不断流，塔里木河、黑河、石羊河、白洋淀等河湖的生态环境得到一定程度的改善。在水资源保护方面，建立了以水功能区和入河排污口监督管理为主要内容的水资源保护制度，以"三河三湖"、南水北调水源区、饮用水水源地、地下水严重超采区为重点，加强了水资源保护工作，部分地区水环境恶化的趋势得到了遏制。

（二）水利工程发展的优化建议

1. 强化顶层设计，逐级细化政府分工

依照法制设定行政机关的权力与责任。首先，从国家层级出发，调整和整合水资源开发管理的职权分配及资金来源问题，并通过立法形式加以确定。其次，全国各部门依据法律法规明确各自的责任范围，各省（自治区、直辖市）县级单位则以此作为划定工作任务的基础条件之一。

水利部、财政部等部门可以协商制定具体办法，进一步明确水利建设管理工作的职责分工。在政府职能整合中，整合灌溉试验站、耕地质量检测站、气象站资源，形成发展提供综合服务的机构。

编制水利发展规划。各级政府水利部门组织开展水利调查，并以此为依据，结合本行政区的自然条件、经济社会发展水平、水土资源、农业发展需求、生态环境等因素，编制本行政区水利规划，公开征求社会群众的意见建议，并报上级主管部门备案。

批准公布后的水利规划作为本地区水利建设和管理的依据，不得擅自修改，如需修改应报本级人民政府批准。水利主管部门每年要按照规划内容申请落实建设和管理资金，在编制单个项目建设方案前，组织规划和实施方案编制单位人员要充分听取当地群众的意见建议，并将合理的意见建议吸收到项目建设方案中。同时建立工程建后管护制度，落实管护单位和人员责任，年底向本级人民政府报告建设管理情况，会同发展改革、财政等部门对规划实施情况进行评估，并向本级人民政府报告，确保规划落实实施。

2. 制定配套政策，建立健全制度体系

制定水利法规。统筹考虑与水利相关的制度和措施，制定出台相关法律法规，从法律法规的角度对水利规划、建设、管护、报废等进一步

明确。同时应将水利和农业农村部门的职责划分清楚，遵循责任明确、统一规划、统筹实施的原则，实行依法治理。

建立健全管理制度体系。为确保水利建设项目有序实施，吸引社会资本投入水利建设，政府部门亟须制定相应的法规以及相关的预算定额。各级人民政府也要根据上位法制定具有地方特色的相关配套法规等，形成省、市、县、乡四级法律法规体系，以适应社会经济的发展，全面促进水利建设的法治化、规范化、制度化，为其走上健康有序的发展道路奠定基础。

3. 培养引进人才，提升政府管理水平

提高水利行政人员的数量和管理能力。面对当前水利专业人才匮乏，尤其是行政管理人员少、管理水平不高的情况，需要进一步优化水利部门干部结构，可通过选调生、"三支一扶"等政策，吸引水利专业人员加入政府管理部门，尤其是一线建设管理部门。

提高管理人员素质和专业水平可采用以下途径：一是定期或不定期地对水利行政人员开展专业培训；二是通过交流任职、挂职锻炼等方式提高相关人员的业务水平；三是开展脱产学习。从人力资源管理的角度出发，要重视干部的心理建设，单位领导班子和组织人事部门要加强对机构改革过程中转隶干部的了解，主动关心他们的需求，帮助他们尽快适应新的工作环境和工作节奏。特别要提高基层干部的士气，引导各级干部找到新的定位和发展目标。

积极引进培养专业技术人才。人才是社会最重要的资源，也是水利建设顺利进行的必要条件。为了改变行政人员服务水平低的问题，在现有条件允许的情况下，政府部门应大力出台相关政策来培养人才、吸引人才、留住人才，如每年安排一定的科研资金，积极协调高校、科研院所、企业等开展水利技术、设施设备研发，促进产学研深度融合等。一方面有利于吸引高端技术人才创业，另一方面也为培养本地人才提供了平台。

4. 健全基础设施，完善防洪排涝减灾体系

推动大型水资源项目的建设，以满足民众需求，打造全方位、完整且安全的水利基础设施系统。优化各地区的防汛排水和灾害防范机制，

加快弥补水务领域的不足，提升关键地区的防洪排水能力，减轻灾害影响。特别是加强容易受洪涝影响地区的基础设施建设，并建立互联互通的高效监控网络。

为了应对防汛和干旱问题，应进一步加强灾害预防措施。确保在雨季前执行充分的预备任务，严格执行监测预警措施，坚守灾害防护红线。确保主要河流符合国家防洪要求，同时建设调节型水库，以降低洪峰，保障下游电力基地、大坝和大城市的安全稳定。

5. 实施保护修复，完善水生态系统功能

水是支撑人们生活和社会经济发展的重要基础设施之一，其生态环境为我们提供重要的天然物质和服务，对文化的持续性和进步至关重要。为了维护这种平衡，并确保适应人们的需求和生活方式的发展，需要以自然保育为主导，提升水资源的实际效益。

应坚定执行环保和人居共融原则，同时注重预防措施和生物复生工作的结合实施。积极推进湿地建设，加强管理力度，加速生态结构及功能的恢复。同时，适度扩大湖泊区域的规模，增加森林植被比例，优化水分储存效果。

此外，需加强水利管理制度设计改进，关注淡水的节制使用，确保供需平衡。特别是在土壤侵蚀严重地区，使用监控和防范手段，促进各省区市的防灾抗旱行动有序展开。

6. 大力防治污染，改善河湖水环境质量

水对人们的生活和生产至关重要。然而，随着社会的发展，水源污染问题日益严重，需要立即采取行动。各省应根据当地情况制定合适的策略，加强水资源污染管理，加快水污染预防项目的实施，特别关注工业聚集区的污染情况。提高检测与治理能力，限制和减少污染物的释放；同时，推动循环经济发展，强化水体保护，严密监控水环境，建立水环境治理系统，全面推进水污染防治工作，减少废水排放，提升水质合格率和优良水体比例，改善河流湖泊的水环境质量。

面对水污染治理效果不明显的情况，可以采取以下四项策略应对：①强化水环境保护措施，解决源头污染问题；②建设水质监控系统，优化监管机制和评估标准；③推动城市黑臭水体清理，提升排水管道效率，

15

实现雨污分流，改良和增建城市污水处理设施，加快污水处理设施建设，加强对高污染企业的执法监督，改善工业区污水处理设施；④改善农村源头污染，控制化肥使用，推广农田养殖结合模式，助力水环境质量持续改善。

7. 深化水利改革，实现管理方式现代化

目前尚无明显的区域分布特性表明水管理体系对我国水利现代化发展的阻碍作用，我国在提升水管理能力方面有很大的空间。为推进水务一体化管理，实现水利管理现代化，应当运用现代管理理念和技术，借鉴发达国家在水利现代化方面的先进经验，使水利管理更加精准和高效。

第四节　水利工程勘查选址分析

一、水利工程勘察选址工作概述

（一）水利工程勘察选址工作的意义

水利工程勘察利用现代化的勘测工具和方法收集有关建筑场地水文与地质信息，这些信息对于后期的水利设施建设能够提供必要的支持。常用的调查方法包括抽样测试、土坑挖掘、钻孔检测以及卫星观测等，具体选择方法需根据实际场景来决定。为了更精确地了解施工场地的水文地质情况，水利工程勘察中采用多层次的勘察定位方法。

在勘察选址设计阶段，准确获取施工区域的水文环境信息，了解该地区的灾害情况和地质信息至关重要。随后，对施工区域的地质结构、环境因素和灾害风险进行深入分析和探讨，以确保水利工程设计能够有效实施。在此基础上优化水利工程的初始设计，结合实际情况合理控制施工技术、工艺和装备，从而提升水利工程选址勘察的质量。

（二）水利工程勘察选址工作的作用

与其他建筑相比，水利工程勘察选址更具挑战性，因为某些水利设施需建设在地下，必须长期抵御地下水流和环境影响。运行过程可能影响外部水文地理条件，甚至引发潜在不稳定问题，对项目稳定性构成威胁。因此，水利工程勘察至关重要，需全面实地勘察，评估各类灾害因素，并提出解决方案，以确保工程顺利进行并保证长期可靠性。

二、水利工程勘察选址中需关注的问题

（一）环境方面

在进行水利设施规划和选址选择时，必须高度重视其对周围生态环境的影响。为了预见和解决潜在问题，我们在选址阶段应采用有效的策略。不同地区的地形和水文特征差异很大，每个地方都具有独特的地理特点。因此，不同施工条件、不同工程项目、不同建设区域的水利工程勘察选址所面对的环境因素都不同。水利工程建设会改变周边区域气候，造成该部分区域的水流、气候、生态环境等要素发生变化，故在水利工程勘察选址过程中需要关注环境方面的问题。

（二）水文方面

水利工程建设可能对当地的水环境产生显著影响。这些设施通常能够在雨季储存大量水源，并在旱季进行分配使用，这可能导致周围地下水位下降，从而影响附近河流和生态系统。随着河流水量减少，其自净能力也会减弱，可能引发严重的污染问题。因此，在规划和建设水利项目时，必须谨慎考虑其对当地水资源和生态环境的长期影响，并采取有效的环境保护措施来减少负面影响。

（三）质量方面

在进行水资源项目的定位和位置确定的过程中，选择适合的数学模型或原理进行数值模拟是至关重要的，以尽量减少模型与实际情况之间的差异。对于各种理论方程式，需要灵活运用，并结合理论与实际相结合的方法来解决问题。在形成水利工程勘察选址报告时，要确保内容丰富，将选址地点的各类优势、弊端进行详细分析，现场实际考察要确保全面，各项内容的论证要保证清晰、完善，在选址报告中还要对施工区域的整体进行可行性分析，力争一次性通过审查，避免出现延误工期的情况。

（四）技术方面

由于各地的地理位置和气象条件各不相同，这使得在开始实施水电项目的前期规划时会面临诸多挑战和不便。受到本地条件的限制，许多科技手段难以顺利执行并发挥应有的作用。因此，需要在水利工程勘察选址工作开展前制订详细计划，以科学技术作为指导，结合工程现场的实际情况，分析选择区域的人口、地质、水文、环境等要素，因地制宜，努力保障水利工程勘察选址报告的科学性、合理性、有效性。

三、水利工程勘察选址工作的主要内容

由于适合建造理想水利设施的自然环境并不常见，尤其是对于需要优质地质基础的项目而言，很难完全满足施工需求。因此，水利项目的最佳解决方案是通过比较和评估多个选项来选择，但在某些水文或地质条件下可能存在限制。确定水利设施位置时，必须综合考虑各种潜在影响因素，并寻找应对不利情况的方法。选址工作需综合考虑区域稳定性、地形地貌、地质构造、岩土性质、水文地质条件、物理地质作用以及工程材料等多方面因素，优先排除地质条件差、处理难度高以及投资高昂的选项。

（一）区域稳定性

水利设施建造地点的安全性和稳固性至关重要，因此必须对拟建地区的地形与场地状况给予高度重视，尤其当该区易受到地震的影响时，选定合适的堤岸位置和类型尤为关键。在勘察过程中，要通过地震部门了解施工区域的地震烈度，做好地震危险性分析及地震安全性评价，确保水利工程建设区域的稳定性能够满足工程建设的最终要求。

（二）地形地貌

地理环境对于选择水利设施的大坝类型至关重要，同时也影响了建筑场地的设计与施工条件。一般而言，如果地质基础稳定且场地呈狭长形状，适合建造弧形大坝；当河流两岸的山体容易被风蚀或覆盖厚实的松散堆积物时，土坝是更合适的选择；在"U"字形的峡谷中，如果基底高度比大于2，可以考虑建造石头垒砌式或水泥重力式的坝墙。建设区域的不同地貌单元、不同岩性之间也存在差异，如河谷开阔区域存在阶地发育情况，其中的二元结构和多元结构经常会出现渗漏或渗透变形的问题。因此，在进行工程方案比选时要充分了解建设区域的地形地貌条件。

（三）地质构造

在水利项目施工阶段，地形和地质条件对其位置的选择起着关键性的决定因素。刚性大坝对地质环境的依赖性将更为显著。若采用对变形较为敏感的刚性坝方案，地质构造的重要性更加突出。在层状岩体分布的区域，上下游的岩层倾向存在层间错动带，这些错动带在后期次生作用下可能演变成泥化夹层。若其他地质构造面对这些错动带产生切割作用，将严重影响坝基的稳定性。因此，在选址过程中必须充分考虑地质构造问题，尽可能选择岩体完整性较好的部位，避免选择断裂、裂隙发育严重的地段。

（四）岩土性质

在确定水利项目的选址过程中，首先需要评估地质特征。特别是在建设大型水库，如混凝土坝水库时，应选择结构新颖、均质一致、水分传导能力低、结构稳定且具有良好防水性能的岩石作为基础。我国大部分大型水库建设在坚硬的火成岩基础上，少数建于石英岩、砂岩或片麻岩上，而建设于可溶性碳酸盐岩、质地柔软且易变的页岩及千枚岩上的较少。在水利工程建设中，需根据实际情况有效区分不同类型和性质的岩土，以确保后续施工顺利进行。此外，在选择坝址时，对于高混凝土坝而言，必须建于基岩上。如果河床覆盖层较厚，将增加坝基开挖工程量，导致施工条件复杂化。因此，在其他条件相似的情况下，应选择河床覆盖层较薄的区域建坝。若必须在覆盖层较厚的区域施工，则考虑选择土石坝类型。对于松散土体坝基，需注意渗漏、渗透、变形、振动和液化等问题，采取有效措施避免软弱易变的土层影响。

（五）水文地质条件

在选择岩溶环境或深度覆盖地带的合适地点时，需要充分考虑该地区的水文地质条件。对于建筑物的防水性能而言，最好选择具有隔水层并处于上游方向的河流部分作为坝址。此外，还需评估水库是否存在严重的渗透风险。理想情况下，水库应建立在两个斜坡之间的高位强透水层底端，并且有隔水岩层的纵向山谷中。如果岩溶地区缺乏有效的隔水层，就必须深入研究地质构造、岩石组成以及地形特征，以确保水利设施建设在较少岩溶化的区域内。

（六）物理地质作用

许多地理和地质条件会影响到水利设施的选择位置，如岩溶现象、山体滑坡、岩石风化和坍塌、泥沙流动等。岩溶作用会导致地下水径流系统复杂，可能影响水利设施的地基稳定性和地下水的供给和排泄。在选择水利设施位置时，需要考虑地下岩溶洞的分布，以避免水利设施建设对地下水流动和岩溶洞的影响。山体滑坡可能导致水库淤积、溢坝及其他次生灾害，影响水利设施的安全性和可靠性。在选择水利设施位置时，需要评估地质稳定性，避免选择易发生山体滑坡的地区。岩石的风化和坍塌会直接影响到水利设施的基础稳定性和周围环境的地质灾害风险。选择水利设施位置时，需要考虑岩石的物理性质和风化程度，以及可能发生的坍塌风险。泥沙流动可能导致水库淤积、堵塞输水管道等问题，影响水利设施的使用寿命和效率。在选择水利设施位置时，需要考虑水域内泥沙的输送和沉积情况，避免设施被泥沙冲刷和堵塞。

第五节　水利工程质量检测的控制

一、强化施工前的图纸审核与材料设备的控制

多样化的流程组合和各部门间的无缝协作对于水利建设至关重要。为了确保项目的品质和效率，施工前必须严谨地设计和审查施工蓝图。关键在于识别并标记图纸上的难点，并按照设计完成施工，这不仅可以减少后期的返工可能性，还能避免施工质量问题的发生。

为了确保项目顺利实施，施工方需要平衡各种支持性任务，如电力和水的使用情况等。这需要与当地的水电供应机构保持良好沟通，以确保项目成功。此外，充足的建筑物资和工具也是保证水利工程顺利运作的关键因素。在施工材料出厂时，必须严格控制，并确保有出厂记录。必要时，可以将材料质检委托给第三方管理公司进行检测。

由于部分施工材料易受损耗，如水泥、绝缘电缆等，因此有必要采取适当保护手段以防止该类材料出现不必要的消耗。另外，必须对施工环境、施工要求做好具体的了解，才能选择相应的设备进行使用。在设备使用完毕后，必须对机械进行检查，保障第二次能够顺利使用。

二、完善质量监管的制度及其管理

优化监督体系意味着制定一套适应现实且标准化的工程品质监控规则。其主要目的是通过一致性的准则对所有建设活动进行规范，同时针对少数特殊情况，只需调整规定即可解决。应当培训足够的质检人员，以此填补质量监管的不足。可以建立施工的责任制，把每处的施工岗位进行细分，并安排足够的质检员，如发生问题，就直接追究质检员和第一责任人。由此还可以添加两个辅助机制，即处罚机制与奖励机制。

1. 处罚机制

处罚机制的好处在于可以疏导人性，在一般意识形态中，是受大家都认同的，一起约定俗成的，是被默许认可的，并且实施以来的效果大多数是非常不错的，因此人们爱用惩罚机制，以此来惩罚犯错误的人，并让他们自觉接受处罚，这也是处罚机制的魅力所在。

2. 奖励机制

一般情况下，惩罚机制往往会给人们带来痛苦，而不会带来欢乐，但这是必须的，而奖励机制则可以给人带来愉悦。因此，无论是奖励机制还是惩罚机制，最后的执行者都是人，而对这种机制管理不当，就会激起冲突与纠纷。

三、强化施工团队的质量及安全意识

考虑到水利设施涵盖的领域较广泛，施工团队在建设过程中必须实施严格的质量管理措施。从早期阶段的规范合同开始，严禁采用不正当竞争策略进行投标，以确保施工过程的合法性。在处理复杂的水利项目时，需要加强质量控制，定期组织施工队伍参与质量安全的研讨会议，以提升项目品质。同时，还应详细记录质量问题，积累充分的样本量，以用于组成大规模的样本空间，并对该样本空间进行随机分析。对数据进行抽样对比、相似度对比，建立数据模型，设置约束条件，进行最优解计算，得出最终结果。根据计算出来的结果，再实地对数据进行考察探究，以补充数据的不足，并且将数据和实地测算的数据进行对比，找出相同点与不同点，以此来降低水利工程的质量问题发生概率。

四、从严治理水利工程验收环节、工程信用体系

建立水资源管理系统的目标是确保项目在实施过程中遵守法律法规，并兼顾长远发展的需求。在水利工程施工的整个过程中必须严格遵守相关的法规和条例，并加强法律教育，以防止因缺乏法律意识而造成法律风险和损失。这不仅可以提升员工的法律意识水平，还有助于培养他们的法律素养。对施工人员必须进行水利施工的技术培训和安全质检素养的培训，这样才能保证水利施工的质量，当质量一旦有了保证，不但可以为施工单位取得良好的社会效益，还能取得不错的经济效益。也可以动员当地的群众，参与监督水利工程，并通过政府的监督来建构一个良好的监督系统。对于水利工程施工而言，它本身具有多工种协同作业的特点。因此必须将工序完成，再进行验收，验收合格了，再进行下一步。步步把关质量，就不会出现水利工程的后期质量问题。此外，必须提高对隐蔽工程的质检，保证所有的质检内容与国家规定的法律内容相关。

五、严禁主体工程的分包、转包与技术资料的保管

一般情况下，核心建设任务不可拆分或外包给其他机构。因为能够承担主要建筑项目的团队通常具备出色的技能，只有这些有能力执行此类工作的实体才有机会获得项目。对于特定的劳动力服务外包资质，也应该进行严格的审核和评估。因此，项目部门和公司的存在至关重要，它

们需要以经济有效的方式签署合同并实施责任分配机制。对于外包，应设立专门的评估小组，以确保在满足价格合理和技术领先要求的前提下选择适合的供应商。必须保障公司与项目部的利益，如果项目部与总公司没有运作好，就会出现问题。技术管理包含图纸的会审纪要、技术的交底、材料检验等制度。为了成体系地打造施工经验与资料的模块，应当从工程开始之初就设立档案的管理制度，并对相关资料进行整理。到工程结束后，所有的第一手资料必须保存下来，要保证档案的时效、完整、真实，这样才能为施工的质量问题提供足够的原始凭证与技术支援。

第二章　水闸和渠系建筑物施工技术

水闸是利用闸门挡水、泄水的低水头水工建筑物，渠系建筑物是指为渠道正常工作和发挥其各种功能而在渠道上兴建的水工建筑物，它们都在水利工程中应用广泛。本章主要以水闸施工、渠系主要建筑物、橡胶坝、老闸拆除、观测工程、砌体工程、建筑与装修工程为例，进行水闸和渠系建筑物施工技术的研究。

第一节　水闸施工技术

一、水闸的组成及布置

水闸是一种用于控制水流的工程建筑物，通常是建在河流、运河或水库中的结构。

（一）水闸的类型

1. 按水闸承担的任务分类

拦河闸。建于河道或干流上，拦截河流。拦河闸控制河道下泄流量，又称为节制闸。枯水期拦截河道，抬高水位，以满足取水或航运的需要；洪水期则提闸泄洪，控制下泄流量。

进水闸。建在河道、水库或湖泊的岸边，其功能是调控水流量。这类设施可以分为开放式和涵洞式两种，常见于渠道的起始部位。进水闸又称取水闸或渠首闸。

分洪闸。常建在河流的上游或具有洪水风险区域，主要用于在河流洪水期间控制和分流洪水，以减少洪水对下游地区的影响。

排水闸。常建在河流的下游或低洼地区，用于控制水体的排放，主要用于排除雨水、洪水或灌溉后的多余水分。

挡潮闸。建在入海河口附近，涨潮时关闸防止海水倒灌，退潮时开闸泄水，具有双向挡水的特点。

冲沙闸。建在多泥沙的河流上，用于排除进水闸、节制闸前或渠系中沉积的泥沙，减少引水水流的含沙量，防止渠道和闸前河道的淤积。

2. 按闸室结构形式分类

水闸按闸室结构形式可分为开敞式、胸墙式及涵洞式等。

开敞式。过闸水流表面不受阻挡，泄流能力大。

胸墙式。闸门上方设有胸墙，可以减少挡水时闸门上的力、增加挡水变幅。

涵洞式。闸门后为有压或无压洞身，洞顶有填土覆盖，多用于小型水闸及穿堤取水情况。

3. 按水闸规模分类

大型水闸。泄流量大于 1 000 m^3/s。

中型水闸。泄流量为 100～1 000 m^3/s。

小型水闸。泄流量小于 100 m^3/s。

（二）水闸的组成

水闸一般由闸室段、上游连接段和下游连接段三个部分组成。

1. 闸室段

闸室是水闸的主体部分，其作用是控制水位和流量，兼有防渗防冲作用。闸室段结构包括闸门、闸墩、胸墙、底板、工作桥、交通桥等。

闸门用来挡水和控制过闸流量。闸墩用来分隔闸孔和支承闸门、胸墙、工作桥、交通桥等。闸墩将闸门、胸墙以及闸墩本身挡水所承受的水压力传递给底板。胸墙设于工作闸门上部，帮助闸门挡水。底板是闸室段的基础，它将闸室上部结构的重量及荷载传至地基。建在软基上的闸室主要由底板与地基间的摩擦力来维持稳定。底板还有防渗和防冲的作用。工作桥和交通桥用来安装启闭设备、操作闸门和联系两岸交通。

2. 上游连接段

上游连接段处于水流行进区，主要作用是引导水流从河道平稳地进入闸室，保护两岸及河床免遭冲刷，同时有防冲、防渗的作用。一般包括上游翼墙、铺盖、上游防冲槽和两岸护坡等。

上游翼墙的主要功能：引导水的流动方向，确保其平稳进入闸口；抵抗两侧的泥沙压强，保障闸前的河岸免受侵蚀；同时具有防止渗透的功能。铺设则主要用于防水，并且需要对其表层加以维护，以便达到抗冲击的需求。对于上游两侧，我们建议适当地做一些防护堤坝，这样可以避免河底和河岸受到破坏。

3. 下游连接段

下游接头的功能是排除过闸水流剩余的动力，指导出闸水流均匀分布，调整流速分配并降低流速，以避免水流离开后对下游造成冲击。

下游连接段包括护坦（消力池）、海漫、下游防冲槽、下游翼墙、两岸护坡等。下游翼墙和护坡的基本结构和作用同上游。

（三）水闸的防渗

1. 地下轮廓线布置

地下轮廓线是指水闸上游铺盖和闸底板等不透水部分和地基的接触线。地下轮廓线的布置原则是"上防下排"，即在闸基靠近上游侧以防渗为主，采取水平防渗或垂直防渗的措施，阻截渗水，消耗水头。在下游侧以排水为主，尽快排除渗水、降低渗压。地下轮廓布置与地基土质有密切关系，分述如下。

第一，黏性土地基地下轮廓布置。黏性土壤具有凝聚力，不易产生管涌，但摩擦系数较小。因此，布置地下轮廓线，主要考虑降低渗透压力，以提高闸室稳定性。闸室上游宜设置水平钢筋混凝土或黏土铺盖，或土工膜防渗铺盖；闸室下游护坦底部应设滤层，下游排水可延伸到闸底板下。

第二，沙性土地基地下轮廓布置。沙性土地基正好与黏性土地基相反，底板与地基之间摩擦系数较大，有利于闸室稳定，但土壤颗粒之间无黏着力或黏着力很小，易产生管涌，故地下轮廓线布置的控制因素是如何防止渗透变形。

当地基中的沙土非常深厚时，应采用覆盖和结合钢板桩的方法，以增加渗透路径的长度，从而减少渗透斜率和流动速度。这些板桩通常安置在底板上游一侧的齿墙下端。如果单独的板桩无法满足渗透要求，可以在铺盖前端增加一道短板桩，以延长渗透路径。当地基中沙土层较薄，并且下方存在相对不透水的层时，可以使用板桩来切入不透水层，切入深度一般不少于 1.0 m。

2. 防渗排水设施

防渗设施通常指构成地下轮廓的铺盖、板桩以及齿墙，用来防止水或其他流体通过。排水设施则指铺设在护坦、浆砌石海漫底部或闸底板下游段，起到导渗作用的沙砾石层。水闸的防渗有水平防渗和垂直防渗两种。水平防渗措施为铺盖，垂直防渗措施有板桩、灌浆帷幕、齿墙和混凝土防渗墙等。

第一，铺盖。铺盖有黏土和黏壤土铺盖、沥青混凝土铺盖、钢筋混凝土铺盖等。①黏土和黏壤土铺盖。铺盖与底板连接处为一薄弱部位，通常是在该处将铺盖加厚；将底板前端做成倾斜面，使黏土能借自重及其上的荷载与底板紧贴；在连接处铺设油毛毡等止水材料，一端用螺栓固定在斜面上，另一端埋入黏土中，为了防止铺盖在施工期遭受破坏和运行期间被水流冲刷，应在其表面铺砂层，然后在砂层上再铺设单层或双层块石护面。②沥青混凝土铺盖。沥青混凝土铺盖的厚度一般为 5 ~ 10 cm，在与闸室底板连接处应适当加厚，接缝多为搭接形式。为提高铺盖与底板间的黏结力，可在底板混凝土面先涂一层稀释的沥青乳胶，再涂一层较厚的纯沥青。沥青混凝土铺盖可以不分缝，但要分层浇筑和压实，各层的浇筑缝要错开。③钢筋混凝土铺盖。钢筋混凝土铺盖的厚度不宜小于 0.4 m，在与底板连接处应加厚至 0.8 ~ 1.0 m，并用沉降缝分开，缝中设止水。在顺水流和垂直水流流向均应设沉降缝，间距不宜超过 15 ~ 20 m，在接缝处局部加厚，并设止水。用作阻滑板的钢筋混凝土铺盖，在垂直水流流向仅有施工缝，不设沉降缝。

第二，板桩。板桩长度视地基透水层的厚度而定。当透水层较薄时，可用板桩截断，并插入不透水层至少 1.0 m；若不透水层埋藏很深，则板桩的深度一般采用 0.6～1.0 倍水头。用作板桩的材料有木材、钢筋混凝土及钢材三种。板桩与闸室底板的连接形式有两种，一种是把板桩紧靠底板前缘，顶部嵌入黏土铺盖一定深度；另一种是把板桩顶部嵌入底板底面特设的凹槽内，桩顶填塞可塑性较大的不透水材料。前者适用于闸室沉降量较大，而板桩尖已插入坚实土层的情况；后者则适用于闸室沉降量小，而板桩桩尖未达到坚实土层的情况。

第三，齿墙。闸底板的上、下游端一般设有浅齿墙，用来增强闸室抗滑稳定，并可延长渗径。齿墙深在 1.0 m 左右。

（四）水闸的消能防冲设施与布置

1. 底流消能工

平原地区的水闸，由于水头低，下游水位变幅大，一般采用底流式消能。消力池是水闸的主要消能区域。

底流消能工的作用是通过在闸下产生一定淹没度的水跃来保护水跃范围内的河床免遭冲刷。

当尾水深度不能满足要求时，可采取降低护坦高程；在护坦末端设消力坎；既降低护坦高程又建消力坎等措施形成消力池。有时还可在护坦上设消力墩等辅助消能工。

消力池通常位于闸室后方，并通过 1∶4～1∶3 的倾斜面与其底部相连。为了减少水浪的波动，可以在闸室后面预留一段平坦区域，并在此处安装一个小门槛。此外，还可以在消力池的前端放置分散流动墩，以减少水流的折射影响。如果消力池比较浅（约 1 m），通常会将闸门后的闸室底部延伸至消力池底部的高度，将其视为消力池的一部分。消力池末端一般布置尾槛，用以调整流速分布，减小出池水流的底部流速，且可在槛后产生小横轴旋滚，防止在尾槛后发生冲刷，并有利于平面扩散和消减下游边侧回流。

除尾坎外，消力池通常还设有辅助的消能墩等装置。这些装置能够阻止水流并提供反作用力，从而在墩后形成涡流，增强水跃过程中的紊流扩散效果，稳定水流并减小消力池的深度和长度。消力池的前端或后端也可以设置消力墩，但其功能有所不同。消力墩可以是矩形或梯形的形状，通常设置成两排或三排交错排列。墩顶应有足够的淹没水深，墩高一般为跃后水深的 1/5 ~ 1/3。在水流速度较高的情况下，适宜在消力池后部设置消力墩。

2. 海漫

一般在海漫起始段做 5 ~ 10 m 长的水平段，其顶面高程可与护坦齐平或在消力池尾坎顶以下 0.5 m 左右，水平段后做成不陡于 1∶10 的斜坡，以使水流均匀扩散，调整流速分布，保护河床不受冲刷。

海漫的筑造标准：表面有一定的粗糙度，能够进一步消除余能；具有一定的透水性，以便使渗水自由排出，降低扬压力；具有一定的柔性，以适应下游河床可能的冲刷变形。

常用的海漫结构有干砌石海漫、浆砌石海漫、混凝土板海漫、钢丝石笼海漫等。

3. 防冲槽及末端加固

为保证安全和节省工程量，常在海漫末端设置防冲槽、防冲墙或采用其他加固设施。

防冲槽。在海漫末端预留大于 30 cm 的石块，当水流冲刷河床时，冲刷坑逐渐深化。这些预留的石块将沿冲刷坑的斜坡陆续滚下，自动散布在冲刷坑的上游斜坡上，形成护面。这样可以有效防止冲刷继续向上游扩展。

防冲墙。防冲墙有齿墙、板桩、沉井等形式。齿墙的深度一般为 1 ~ 2 m，适用于冲坑深度较小的工程。如果冲深较大，河床为粉、细砂时，则采用板桩、井柱或沉井。

4. 翼墙与护坡

在与翼墙连接的河岸段，由于水流速度较大和回流漩涡的影响，需要进行护坡工程。通常靠近翼墙处的护坡会采用浆砌石结构，然后向上延伸使用干砌石。干砌石护坡每隔 6 ~ 10 m 设置混凝土填或浆砌石埂，其断面尺寸约为 30 cm × 60 cm。在护坡的坡脚以及护坡与河岸土坡交接处应做一深 0.5 m 的齿墙，以防回流淘刷和保护坡顶。护坡下面需要铺设厚度各为 10 cm 的卵石及粗砂垫层。

（五）闸室的布置和构造

闸室由底板、闸门、胸墙、交通桥及工作桥等组成。其布置应考虑两点：一是分缝方式与布置。为了防止和减少由于地基不均匀沉降、温度变化和混凝土干缩引起底板断裂和裂缝，对于多孔水闸需要沿轴线每隔一定距离设置永久缝。缝距不宜过大或过小。整体式底板的温度沉降缝设在闸墩中间，一孔、二孔或三孔成为一个独立单元。靠近岸边，为了减轻墙后填土对闸室的不利影响，特别是当地基条件较差时，最好采用单孔，再接二孔或三孔的闸室。若地基条件较好，可将缝设在底板中间或在单孔底板上设双缝。为避免相邻结构由于荷重相差悬殊产生不均匀沉降，也要分开设缝，如铺盖与底板、消力池与底板以及铺盖、消力池与翼墙等连接处都要分别设缝。此外，混凝土铺盖及消力池本身也需设缝分段、分块。二是止水设备。其分为止水分铅直止水及水平止水两种。前者设在闸墩中间，边墩与翼墙间以及上游翼墙本身；后者设在铺盖、消力池与底板和翼墙、底板与闸墩间以及混凝土铺盖及消力池本身的温度沉降缝内。

1.底板

常用的闸室底板有水平底板和反拱底板两种类型。对多孔水闸，为适应地基不均匀沉降和减小底板内的温度应力，需要沿水流方向用横缝（温度沉降缝）将闸室分成若干段，每个闸段可为单孔、两孔或三孔。

闸墩和底板连接成一体，称为整体式底板。这种设计使得闸孔两边的闸墩之间的沉降量差异相对较小，有利于闸门的开启关闭操作。当地基承载力较差（如只有 30 k～40 kPa）时，通常会考虑采用刚度大、重量轻的箱式底板作为整体式底板的替代方案。

在坚硬、紧密或中等坚硬、紧密的地基上，单孔底板上设双缝，将底板与闸墩分开的，称为分离式底板。分离式底板闸室上部结构的重量将直接由闸墩或连同部分底板传给地基。底板可用混凝土或浆砌块石建造，当采用浆砌块石时，应在块石表面再浇一层厚约 15 cm、强度等级为 C15 的混凝土或加筋混凝土，以使底板表面平整并具有良好的防冲性能。如地基较好，相邻闸墩之间不致出现不均匀沉降的情况下，还可将横缝设在闸孔底板中间。如闸墩采用浆砌块石，为保证墩头的外形轮廓，并加快施工进度，可采用预制构件。大、中型水闸因沉降缝常设在闸墩中间，故墩头多采用半圆形，有时也采用流线型闸墩。

2. 闸门

闸门的位置对闸室的稳固程度、闸墩及地基压力的影响，以及整体架构的设计都有着密切的关系。通常情况下，平面闸门会被设置在靠近河流源头的一侧；然而，有时也会根据最大化利用水的重力效应来调整其位置至河流尾端一侧。弧形闸门为避免闸墩过长，需要布置在上游侧。平面闸门的门槽深度取决于闸门的支承形式，检修门槽与工作门槽之间通常需要留有 1.0～3.0 m 的净距，以便进行检修工作。

3. 胸墙

胸墙通常分为板式和梁板式两种形式。对于跨度小于 5.0 m 的水闸，适合采用板式胸墙。墙板可以设计成上薄下厚的楔形板。而跨度大于 5.0 m 的水闸则可以采用梁板式胸墙，由墙板、顶梁和底梁组成。当胸墙的高度超过 5.0 m，且跨度较大时，可以增加中梁和竖梁，形成肋形结构。

胸墙的支承形式分为简支式和固结式两种。简支胸墙与闸墩分开浇筑，缝间涂沥青；也可将预制墙体插入闸墩预留槽内，做成活动胸墙。固结式胸墙与闸墩同期浇筑，胸墙钢筋伸入闸墩内，形成刚性连接，截面尺寸较小，可以增强闸室的整体性，但受温度变化和闸墩变位影响，容易在胸墙支点附近的迎水面产生裂缝。整体式底板可用固结式，分离式底板多用简支式。

4. 交通桥及工作桥

交通桥一般设在水闸下游一侧，可采用板式、梁板式或拱形结构。为了安装闸门启闭机和便于操作管理，需要在闸墩上设置工作桥。小型水闸的工作桥一般采用板式结构；大、中型水闸多采用装配式梁板结构。

（六）水闸与两岸的连接建筑物的形式和布置

水闸及其两侧接合结构主要包括如边墩、岸墙、翼墙及刺墙等。在设计水闸时，胸墙的布置必须考虑防渗和排水设施，特别是两岸防渗布置必须与闸底的地下轮廓线布置相协调。要求上游翼墙与铺盖以及翼墙插入岸坡部分的防渗布置，在空间上连成一体。若铺盖长于翼墙，在岸坡上也应设铺盖，或在伸出翼墙范围的铺盖侧部加设垂直防渗设施。在下游翼墙的墙身上设置排水设施，形式有排水孔、连续排水垫层。

1. 边墩和岸墙

建在较为坚实地基上、高度不大的水闸，可用边墩直接与两岸或土坝连接。边墩与闸底板的连接，可以是整体式，也可以使分离式的，视地基条件而定。边墩可做成重力式、悬臂式或扶壁式。

当闸身深度较大且基础较软时，如果仍然使用边墩来阻挡土壤，可能会导致严重的不均匀沉降。这种情况会影响闸门的开启和关闭，并可能在底部地板上引起巨大的应力和裂纹。此时，可在边墩背面设置岸墙。边墩与岸墙之间用缝分开，边墩只起支承闸门及上部结构的作用，而土压力则全部由岸墙承担。岸墙可做成悬臂式、扶壁式、空箱式或连拱式。

2. 翼墙

对于上游翼墙的设计布局需要考虑到其对上游进水的适应性和防水措施的需求，确保其末端深入河岸斜面，并且其顶部必须高于最大水位线 0.5 ~ 1.0 m。如果通过闸门释放的水流量较少且速度较低，为了减少翼墙的建设成本，可以允许其底部被水覆盖。此外，若在前方设置了挡板，则需将其沿着翼墙底部向后延伸直至翼墙的前侧边缘。

依据地基状况，翼墙可以设计成重力式、悬臂式、扶臂式或空箱式等。在较为柔软的地基上，为了降低边荷载对闸室底板的影响，接近边墩的部分更适合采用空箱式设计。

对边墩不挡土的水闸，也可不设翼墙，采用引桥与两岸连接，在岸坡与引桥桥墩间设固定的挡水墙。在靠近闸室附近的上、下游两侧岸坡采用钢筋混凝土、混凝土或浆砌块石护坡，再向上、下游延伸接以块石护坡。

3. 刺墙

当侧向防渗长度难以满足要求时，可在边墩后设置插入岸坡的防渗刺墙。有时为防止在填土与边墩、翼墙接触面间产生集中渗流，也可作一些短的刺墙。

二、水闸主体结构的施工技术

在安排水闸主体结构施工次序时，为了减少不同部位混凝土浇筑时的相互干扰，可以考虑以下几个方面：①先深后浅。先浇深基础，后浇浅基础，以避免浅基础混凝土产生裂缝。②先重后轻。荷重较大的部位优先浇筑，待其完成部分沉陷后，再浇相邻荷重较小的部位、以减小两者之间的不均匀沉陷。③先主后次。优先浇筑上部结构复杂、工种多、工序时间长、对工程整体影响大的部位或浇筑块。④穿插进行。在优先安排主要关键项目、部位的前提下，见缝插针，安排一些次要、零星的浇筑项目或部位。

（一）底板施工

底板施工通常可以采用平底板或反拱底板。尽管二者都由混凝土制成并通过相似的方式建造，但施工过程有所不同。平底板的施工通常是在墩墙之前进行，而反拱底板的施工则通常是先浇筑墩墙，并预留联结钢筋。待沉陷稳定后，再进行反拱底板的浇筑。

1. 平底板的施工

浇注块划分。通常情况下，混凝土水闸会通过沉降缝与温度缝被切割成多个建筑单元，因此在建设过程中应尽可能地使用这些结构缝来实现分块。当永久缝间距很大，所划分的浇筑块面积过大，以致混凝土拌和运输能力或浇筑能力满足不了需要时，则可设置一些施工缝，将浇筑块面积划小些。浇注块的大小，可根据施工条件，在体积、面积及高度三个方面进行控制。

混凝土浇筑。闸室地基处理后，软基上多先铺筑素混凝土垫层8~10 cm，以保护地基，找平基面。浇筑前先进行扎筋、立模、搭设仓面脚手架和清仓等工作。

在浇筑水闸底板时，有多种运输混凝土进入仓库的方式。一种方法是使用载重汽车将立罐装上，并通过履带式起重机吊装到仓库内；另一种方法是利用自卸汽车，通过卧罐和履带式起重机将混凝土送入仓库。无论采用哪种方法，都不需要在仓库表面设置脚手架。对于中小型水闸的浇筑作业，常使用手推车或机动翻斗车等运输工具将混凝土送入仓库，这种情况下通常需要在仓面设置脚手架。

水闸平底板的混凝土浇筑通常采用平层浇筑法。然而，当底板厚度较小或者拌和站的生产能力受到限制时，也可以考虑采用斜层浇筑法。在底板混凝土的浇筑过程中，一般先浇筑上游和下游的齿墙，然后从一端向另一端逐步进行浇筑。如果底板混凝土的量较大，并且底板沿水流方向的长度在 12 m 以内，可以考虑安排两个作业组，采用分层浇筑的方式。首先两组同时浇筑下游齿墙，待齿墙浇平后，将第二组调至上游齿墙，另一组自下游向上游开浇第一坯底板。上游齿墙组浇完，立即调到下游开浇第二坯，而第一坯组浇完又调头浇第三坯。这样交替连环浇注可缩短每坯间隔时间，加快进度，避免产生冷缝。

钢筋混凝土底板，往往有上下两层钢筋。在进料口处，上层钢筋易被砸变形。故开始浇筑混凝土时，该处上层钢筋可暂不绑扎，待混凝土浇筑面将要到达上层钢筋位置时，再进行绑扎，以免因校正钢筋变形延误浇筑时间。

2. 反拱底板的施工

鉴于反拱底板对地基的不均匀沉降反应敏感，因此必须重视施工程序。目前采用的有下述两种方法。

第一，先进行闸墩及岸墙的浇筑，然后再进行反拱底板的浇筑。为了避免水闸各部分在自身重量的作用下发生不均匀沉陷，导致底板出现裂缝和破坏，应尽量将自重较大的闸墩、岸墙先浇筑到顶（以基底不产生塑性为限）。接缝钢筋应预埋在墩墙底板中，以备今后浇入反拱底板内。岸墙应及早夯填到顶，使闸墩岸墙地基预压沉实。此法目前采用较多，对于黏性土或砂性土均可采用。

第二，反拱底板与闸墩岸墙底板同时浇筑。此法适用于地基较好的水闸，虽然对反拱底板的受力状态较为不利，但其保证了建筑的整体性，同时减少了施工工序，便于施工安排。对于缺少有效排水措施的砂性土地基，采用此法较为有利。由于反拱底板采用土模，因此必须做好基坑排水工作。尤其是沙土地基，不做好排水工作，拱模控制将很困难。挖模前将基土夯实，再按设计要求放样开挖；土模挖好后，在其上先铺一层约 10 cm 厚的砂浆，具有一定强度后加盖保护，以待浇筑混凝土。

在第一种施工程序中，当浇筑岸和墩墙底板时，接缝钢筋的一端埋入岸和墩墙底板内，另一端插入土模，以备后续浇入反拱底板时使用。岸和墩墙的浇筑完成后，应尽量延迟底板的浇筑，以便基础可以充分沉实。反拱底板的浇筑最好安排在低温季节进行，以减小温度引起的应力。在连接闸墩底板和反拱底板的接缝处，需要按照施工缝的要求进行处理，确保整体结构的完整性。

在第二种施工程序中，为了减少不均匀沉降对整体反拱底板浇筑的影响，可以在拱脚预留一条缝隙。在缝隙的底部设置临时铁皮止水措施，在缝隙的顶部设置"假缝"。待大部分上部结构荷载施加后，可以在低温期间使用二期混凝土封堵该缝隙。对于拱腔内浇筑的门槛、消力坎等构件，需要在底板混凝土凝固后，使用二期混凝土进行浇筑，这样可以确保反拱底板的受力性能，并且不与底板形成整体结合。

（二）闸墩施工

由于闸墩高度大、厚度小，门槽处钢筋较密，闸墩相对位置要求严格，因此闸墩模板安装与混凝土浇筑是施工中的主要难点。

1.闸墩模板安装

第一，"铁板螺栓、对拉撑木"的模板安装。在此之前，必须预备好用于稳定模板的对销螺栓和其他相关设备如空心钢管等。常用的对销螺栓有两种形式：一种是两端都车螺纹的圆钢；另一种是一端带螺纹另一端焊接上一块 5 mm×40 mm×400 mm 的扁铁的螺栓，扁铁上钻两个圆孔，以便将其固定在对拉撑木上。空心圆管可用长度等于闸墩厚度的毛竹或混凝土空心撑头。

在进行闸墩的立模过程中，需要注意以下步骤和方法：①模板的安装顺序。首先安装平直的模板，然后再安装墩头的模板。②模板的水平调整。在闸底板上架设第一层模板时，必须确保模板的上口保持水平。③模板固定方法。在闸墩的两侧模板上，每隔约 1 m 钻孔，孔径与螺栓直径相对应。在模板内侧对准这些圆孔，用毛竹或混凝土撑头支撑，然后通过这些孔将螺栓穿过去。螺栓的两端穿出横向和竖向的围图（即固定环），最后使用螺母将其固定在竖向围图上。④铁板螺栓的安装。铁板螺栓的一端与水平拉撑木相接，与两端均布置螺丝的螺栓相间。

第二，翻模施工。翻模施工法立模时一次至少立三层。当第二层模板内混凝土浇至腰箍下缘时，第一层模板内腰箍以下部分的混凝土须达到脱模强度，这样便可拆掉第一层，去架立第四层模板，并绑扎钢筋。依次类推，保持混凝土浇筑的连续性，以避免产生冷缝。

2. 混凝土浇筑

闸墩模板安装完成后，接下来进行清仓工作。清仓的步骤包括用高压水冲洗模板的内侧和闸墩底面，污水通过底层模板预留的孔排出。清仓结束后，需要堵塞这些小孔，以便进行混凝土的浇筑工作。在进行闸墩混凝土浇筑时，主要需要解决以下两个问题：闸墩混凝土的均衡上升；流态混凝土的入仓方式及仓内铺筑方法。

当落差大于 2 m 时，为防止流态混凝土下落产生离析，应在仓内设置溜管，可每隔 2～3 m 设置一组。仓内可把浇筑面分划成几个区段，分段进行浇筑。每坯混凝土厚度可控制在 30 cm 左右。

（三）止水设施的施工

水闸设计过程中，为了应对地基的不均匀下沉和伸展变化，通常会安装温度缝和沉陷缝。缝有铅直和水平的两种，缝宽一般为 1.0～2.5 cm。缝中填料及止水设施，在施工中应按设计要求确保质量。

1. 沉陷缝填料的施工

沉陷缝的填充材料，常用的有沥青油毛毡、沥青杉木板及泡沫板等多种。填料的安装有两种方法：一种方法是先将填料用铁钉固定在模板内侧，然后浇混凝土，拆模后填料即粘在混凝土面上，再浇另一侧混凝土，填料即牢固地嵌入沉降缝内。如果沉陷缝两侧的结构需要同时浇灌，则沉陷缝的填充材料在安装时要竖立平直，浇筑时沉陷缝两侧流态混凝土的上升高度要保持一致。另一种方法是先在缝的一侧立模浇混凝土，并在模板内侧预先钉好安装填充材料的长铁钉数排，并使铁钉的 1/3 留在混凝土外面，然后安装填料、敲弯铁尖，使填料固定在混凝土面上，再立另一侧模板和浇混凝土。

2. 止水的施工

凡是位于防渗范围内的缝，都有止水设施，止水包括水平止水和垂直止水，常用的有止水片和止水带。

（四）门槽二期混凝土施工

在小型水库使用平板式闸门时，闸墩位置通常设计有门槽，其目的是降低开启和关闭闸门所需的力量，并确保密封效果。为了实现这一目标，在门槽区域内的混凝土中嵌入了多种金属部件，包括滑道、主要滚轮、副滚轮导向轨道以及防渗垫片等。这些金属部件的埋设可采取预埋及留槽后浇混凝土两种方法。小型水闸的导轨铁件较小，可在闸墩立模时将其预先固定在模板的内侧。闸墩混凝土浇筑时，导轨等铁件即浇入混凝土中。由于大、中型水闸导轨较大、较重，在模板上固定较为困难，宜采用预留槽后浇二期混凝土的施工方法。

1. 门槽垂直度控制

为了确保门槽和导轨保持准确且笔直，一般需要在搭建模型和灌注混凝土的过程中持续使用吊锤来检查并校正。校正时，可在门槽模板顶端内侧钉一根大铁钉（钉入 2/3 长度），然后把吊锤系在铁钉端部，待吊锤静止，用钢尺量取上部与下部吊锤线到模板内侧的距离，如相等则该模板垂直，否则按照偏斜方向予以校正。

2. 门槽二期混凝土浇筑

闸墩立模时，于门槽部位留出较门槽尺寸大的凹槽。闸墩浇筑时，预先将导轨基础螺栓按设计要求固定于凹槽的侧壁及正壁模板，模板拆除后基础螺栓即埋入混凝土中。

导轨安装前，要对基础螺栓进行校正。安装过程中，必须随时用垂球进行校正，使其铅直无误。导轨就位后，即可立模浇筑二期混凝土。

闸门底槛设在闸底板上，在施工初期浇筑底板时，若铁件不能完成，亦可在闸底板上留槽以后浇二期混凝土。

进行二次混凝土灌注时，需要使用更精细的砂石混合物来确保其均匀且充分地被压实，避免对已经放置完毕的金属部件产生震动。门槽较高时，不要直接从高处下料，可以分段安装和浇筑。二期混凝土拆模后，应对埋件进行复测，并做好记录，同时检查混凝土表面尺寸，清除遗留的杂物、钢筋头，以免影响闸门启闭。

3. 弧形闸门的导轨安装及二期混凝土浇筑

弧形闸门的启闭是绕水平轴转动，转动轨迹由于支臂控制，可不设门槽，但为了减小启闭门力，在闸门两侧亦设置转轮或滑块，也有导轨的安装及二期混凝土施工。

为方便安装导轨，需要在建造水闸柱的过程中，按照轨道设计的定位预留出 20 cm × 80 cm 的凹槽，其中埋设两排钢筋，以便使用焊接技术来稳固轨道。安装前，应对预埋钢筋进行校正，并在预留槽两侧设立垂直闸墩侧面能控制导轨安装垂直度的若干对称控制点。安装时，先将校正好的导轨分段与预埋的钢筋临时点焊接数点，待按设计坐标位置逐一校正无误，并根据垂直平面控制点，用样尺检验调整导轨垂直度后，再电焊牢固，最后浇二期混凝土。

三、闸门的安装方法

闸门安装是指将闸门及其埋件装配、安置在设计部位。由于闸门结构的不同，各种闸门的安装，如平面闸门安装、弧形闸门安装、人字闸门安装等，略有差异，但一般可分为埋件安装和门叶安装两个部分。

（一）平面闸门安装

这里主要介绍平面钢闸门的安装。平面钢闸门的闸门主要由面板、梁格系统、支承行走部件、止水装置和吊具等组成。

第一，埋件安装。埋件是指被嵌入到混凝土中的门槽稳定结构元素，如包括底槛、主轨、侧轨、反轨和门楣等。安装平板式闸门的一般步骤如下：设置控制点线；清理、校正预埋螺栓；吊入底槛并调整；经调整、加固、检查合格后浇筑底槛二期混凝土；设置主、反、侧轨安装控制点；吊装主轨、侧轨、反轨和门楣并调整；经调整、加固、检查合格后，分段浇筑二期混凝土。在二期混凝土完成固化后，拆除模板，应对埋件的安装精度和混凝土槽的断面尺寸进行复测。若发现有部分超出允许误差的情况，需要进行相应的处理，以确保闸门在关闭时的密封性和启闭操作的顺畅性，避免漏水或卡阻现象的发生。

第二，门叶安装。如门叶尺寸小，则在工厂制成整体运至现场，经复测检查合格，装上止水橡皮等附件后，直接吊入门槽。如门叶尺寸大，由工厂分节制造，运到工地后，在现场组装。

第三，闸门组装。组装时，要严格控制门叶的平直性和各部件的相对尺寸。分节门叶的节间联结通常采用焊接、螺栓联结、销轴联结三种方式。

第四，闸门吊装。对于螺栓连接或销轴连接的分节闸门叶，在吊装时如果起重能力不足，需要先将门叶分开吊入门槽，然后在槽内再组装成整体。

第五，闸门启闭试验。在完成闸门的安装之后，需要对其进行全方位的检验，确保门叶的开关灵活且无卡阻，同时保证闸门的密封性，并且防止水漏的数量不超过规定的限度。

（二）弧形闸门安装

弧形闸门由弧形面板、梁系和支臂组成。弧形闸门的安装，根据其安装高低位置不同，分为露顶式弧形闸门安装和潜孔式闸门安装。

1. 露顶式弧形闸门安装

露顶式弧形闸门包括底槛、侧止水座板、侧轮导板、铰座和门体。安装顺序为：①在一期混凝土浇筑时预埋铰座基础螺栓，为保证铰座的基础螺栓安装准确，可用钢板或型钢将每个铰座的基础螺栓组焊在一起，进行整体安装、调整、固定。②埋件安装，先在闸孔混凝土底板和闸墩边墙上放出各埋件的位置控制点，接着安装底槛、侧止水导板、侧轮导板和铰座，并浇筑二期混凝土。③门体安装，有分件安装和整体安装两种方法。分件安装是先将铰链吊起，插入铰座，于空间穿轴，再吊支臂用螺栓与铰链连接；也可先将铰链和支臂组成整体，再吊起插入铰座进行穿轴；若起吊能力许可，可在地面穿轴后，再整体吊入。2个直臂装好后，将其调至同一高程，再将面板分块装于支臂上，调整合格后，进行面板焊接和将支臂端部与面板相连的连接板焊好。安装完毕后，需要测试开闭情况，检查是否有卡阻和止水不严等问题。这种方法在吊起重物时需要一次性施行，组装两个支臂时，必须精确控制中心距离，否则穿轴会变得困难。

2. 潜孔式弧形闸门安装

设置在深孔和隧洞内的潜孔式弧形闸门，顶部有混凝土顶板和顶止水，其埋件除与露顶式相同的部分外，一般还有铰座钢梁和顶门楣。安装顺序为：①铰座钢梁宜和铰座组成整体，吊入二期混凝土的预留槽中安装。②埋件安装。深孔弧形闸门是在闸室内安装，故在浇筑闸室一期混凝土时，就需将锚钩埋好。③门体安装方法与露顶式弧形闸门的基本相同，可以分件装，也可整体装。门体装完后要起落数次，根据实际情况，调整顶门楣，使弧形闸门在启闭过程中不发生卡阻现象，同时门楣上的止水橡皮能和面板接触良好，以免启闭过程中门叶顶部发生涌水现象。调整合格后，浇筑顶门楣二期混凝土。④为防止闸室混凝土在流速高的情况下发生空蚀和冲蚀，有的闸室内壁设钢板衬砌。钢衬可在二期混凝土安装，也可延一期混凝土时安装。

四、启闭机的安装方法

在水利设施中，专门用于开启和关闭各类闸门的起重工具被称为闸门启闭机。这些设备的安装过程被称为闸门启闭机安装。

闸门启闭机安装分固定式和移动式启闭机安装两类。固定式启闭机主要用于工作闸门和事故闸门，每扇闸门配备 1 台启闭机，常用的有卷扬式启闭机、螺杆式启闭机和液压式启闭机等几种。移动式启闭机可在轨道上行走，适用于操作多孔闸门，常用的有门式、台式和桥式等几种。

大型固定式启闭机的一般安装程序为：①埋设基础螺栓及支撑垫板。②安装机架。③浇筑基础二期混凝土。在机架上安装提升机构。⑤安装电气设备和安保元件。⑥联结闸门作启闭机操作试验，使各项技术参数和继电保护值达到设计要求。

移动式启闭机的一般安装程序为：①埋设轨道基础螺栓。②安装行走轨道，并浇筑二期混凝土。③在轨道上安装大车构架及行走台车。④在大车梁上安装小车轨道、小车架、小车行走机构和提升设备。⑤安装电气设备和安保元件。⑥进行空载运行及负荷试验，使各项技术参数和继电保护值达到设计要求。

（一）固定式启闭机的安装

1. 卷扬式启闭机的安装

卷扬式启闭机由电动机、减速箱、传动轴和绳鼓所组成。卷扬式启闭机是由电力或人力驱动减速齿轮，从而驱动缠绕钢丝绳的绳鼓，借助绳鼓的转动，收放钢丝绳使闸门升降。

固定卷扬式启闭机的安装顺序为：①在水工建筑物混凝土浇筑时埋入机架基础螺栓和支承垫板，在支承垫板上放置调整用楔形板。②安装机架。按闸门实际起吊中心线找正机架的中心、水平、高程，拧紧基础螺母、浇筑基础二期混凝土，固定机架。③在机架上安装、调整传动装置，包括电动机、弹性联轴器、制动器、减速器、传动轴、齿轮联轴器、开式齿轮、轴承、卷筒等。

固定卷扬式启闭机的调整顺序为：①按闸门实际起吊中心找正卷筒的中心线和水平线，并将卷筒轴的轴承座螺栓拧紧。②以与卷筒相连的开式大齿轮为基础，使减速器输出端开式小齿轮与大齿轮啮合正确。③以减速器输入轴为基础，安装带制动轮的弹性联轴器，调整电动机位置使联轴器的两片的同心度和垂直度符合技术要求。④根据制动轮的位置，安装与调整制动器；若为双吊点启闭机，要保证传动轴与两端齿轮联轴节的同轴度。⑤传动装置全部安装完毕后，检查传动系统动作的准确性、灵活性，并检查各部分的可靠性。⑥安装排绳装置、滑轮组、钢丝绳、吊环、扬程指示器、行程开关、过载限制器、过速限制器及电气操作系统等。

2. 螺杆式启闭机安装

对于小型平板闸门而言，螺杆式的开关设备是最常见的选择。其主要构件包括摇柄、主机和螺栓等。螺杆的下端与闸门的吊头连接，上端利用螺杆与承重螺母相扣合。当承重螺母通过与其连接的齿轮被外力（电动机或手摇）驱动而旋转时，它驱动螺杆作垂直升降运动，从而启闭闸门。

安装过程包括基础埋件安装、启闭机安装、启闭机单机调试、启闭机负荷试验。

在装配之前，需要确保所有驱动轴、轴承和齿轮都能自由旋转且咬合良好，特别关注螺母的螺纹完好程度，若有必要，则需采取适当措施。检查螺杆的平直度，每米长弯曲超过 0.2 mm 或有明显弯曲处可用压力机进行机械校直。螺杆螺纹容易碰伤，要逐圈进行检查和修正。无异状时，在螺纹外表涂以润滑油脂，并将其拧入螺母，进行全程配合检查，不合适处应修正螺纹。然后整体竖立，将它吊入机架或工作桥上就位，以闸门吊耳找正螺杆下端连接孔，并进行连接。挂一线锤，以螺杆下端头为准，移动螺杆启闭机底座，使螺杆处于垂直状态。对双吊点的螺杆式启闭机，两侧螺杆找正后，安装中间同步轴，螺杆找正和同步轴连接合格后，最后固定机座。

对电动螺杆式启闭机，安装电动机及其操作系统后应作电动操作试验及行程限位整定等。

3. 液压式启闭机的安装

液压型开关设备主要包括机械结构（如框架）、活塞、动力源（例如油泵）、操控部件（比如阀门）、管道连接、电动驱动器及管理系统等。油缸拉杆下端与闸门吊耳铰接。液压式启闭机分单向与双向两种。液压式启闭机通常由制造厂总装并试验合格后整体运到工地，若运输保管得当，且出厂不满一年，可直接进行整体安装，否则，要在工地进行分解、清洗、检查、处理和重新装配。

安装程序为：①安装基础螺栓，浇筑混凝土。②安装和调整机架。③油缸吊装于机架上，调整固定。④安装液压站与油路系统。⑤滤油和充油。⑥启闭机调试后与闸门联调。

（二）移动式启闭机的安装

移动式启闭机安装在坝顶或尾水平台上，能够沿轨道移动，用于启闭多台工作闸门和检修闸门。常用的移动式启闭机包括门式、台式和桥式等类型。

所有移动式启闭设备均采用嵌入式轨道设计。首先，需要在第一期混凝土中预设基准螺栓作为基础定位装置，待其位置确认无误后，放置调平螺母和衬垫。接着，逐步安装轨道，并对其高度、中心线、间隙以及连接处的位置偏差进行微调。随后，使用固定器件和锁定螺丝固定轨道，最终完成第二期混凝土的灌注工作。

第二节　渠系主要建筑物的施工技术

渠系建筑物主要包括渠道、渡槽、涵洞、倒虹吸管、跌水与陡坡、水闸等。本部分着重介绍渠道、渡槽、倒虹吸管的施工方法。

一、渠系建筑物组成及特点

（一）渠系建筑物的分类

渠系建筑物按其作用可分为以下类型。

1. 渠道

渠道是指为农田灌溉和排水而修建的人工水道，可以分为灌溉渠道和排水渠道。

2. 调节及配水建筑物

用于控制、调节和分配水流，以确保水资源的有效利用和合理分配。

3. 交叉建筑物

渠道与山谷、河流、道路、山岭等相交时所修建的建筑物，如渡槽、倒虹吸管、涵洞等。

4. 落差建筑物

落差建筑物是灌溉工程和水利工程中用来克服地形高差、控制水流和保护渠道结构的关键设施。

5. 泄水建筑物

泄水建筑物是水利工程中用来控制和调节水流，保护大坝和渠道免受超额水流侵害的重要设施。

6. 冲沙和沉沙建筑物

为防止和减少渠道淤积，在渠首或渠系中设置的冲沙和沉沙设施，如冲沙闸、沉沙池等。

7. 量水建筑物

量水建筑物是水利工程中用于测量和控制水流量的设施，确保水资源的合理利用和科学管理。

（二）渠系建筑物的特点

1. 面广量大、总投资多

在渠道系统中的建筑物，虽然大多数规模并不庞大，但是数量众多，其总体工程量和成本在整个项目中占据相当大的比例。

2. 同一类型建筑物的工作条件、结构形式、构造尺寸较近似

一般而言，相同类型的渠道建筑物的工作环境相似，因此，在一个灌溉区域内，可以更多地使用相同的结构形式和施工方法，广泛运用定型设计和预制装配式结构。

（三）渠系建筑物的组成

1. 渠道

根据用途，渠道可以被划分为灌溉渠道、动力渠道（引水发电用）、供水渠道、通航渠道和排水渠道等。

渠道横断面的形状通常在土基上采用梯形，其两侧边坡的坡度根据土质情况、开挖深度或填筑高度来确定，一般为 $1:2 \sim 1:1$ 的比例。在岩基上，渠道横断面接近矩形。渠道的断面尺寸取决于设计流量和所需的不冲不淤流速，可以通过明渠均匀流公式根据给定的设计流量和纵坡进行计算确定。实践证明，对渠道进行砌护防渗不仅可以消除渗漏带来的危害，还能降低渠道的糙率，从而提高输水能力和抗冲击能力，同时减少对渠道断面及渠系建筑物尺寸的需求。为了减少渗漏量和降低渠床的糙率，通常需要在渠床上加做护面。护面的材料主要包括砌石、黏土、灰土、混凝土以及防渗膜等材料。

2. 渡槽

（1）渡槽的作用和组成

与倒虹吸管相比，渡槽具有水头损失小，便于运行管理等优点，在渠道绕线或高填方案不经济时，往往优先考虑渡槽方案，渡槽是渠系建筑物中应用最广的交叉建筑物之一。

渡槽除输送渠水外，还用于排洪和导流等方面。当挖方渠道与冲沟

相交时，为防止山洪及泥沙入渠，在渠道上修建排洪渡槽。当在流量较小的河道上进行施工导流时，可在基坑上修建渡槽，以使上游来水通过渡槽泄向下游。

（2）渡槽的形式

渡槽根据支承结构形式可分为梁式渡槽和拱式渡槽两大类。

梁式渡槽的槽身搁置在槽墩或槽架上，槽身在纵向起到承载作用。梁式渡槽的跨度大小受地形地质条件、支撑高度、施工方法等因素影响，一般不超过 20 m，常见跨度为 8～15 m。梁式渡槽的优点在于结构相对简单，施工较为便捷。当跨度较大时，通常采用预应力混凝土结构。

如果槽身支承在拱式支撑结构上，则称为拱式渡槽。拱式渡槽的支撑结构由槽墩、主拱圈和拱上结构组成。主拱圈主要承受压力，通常采用抗拉强度小而抗压强度大的材料（如石料、混凝土等）建造，适用于大跨度结构。

（3）渡槽的整体布置

对于渡槽的设计布局而言，主要涉及槽位的选择、构造形式的选择及入口/出口部分的安排。通常情况下，梁式的渡槽其主体横截面会采用矩形或者"U"形状设计，而矩形的槽体则可以使用砖石或是钢筋混凝土来构建。拱式渡槽的槽身一般为预制的钢筋混凝土"U"形槽或矩形槽。为使槽内水流与渠道平顺衔接，在渡槽的进、出口需要设置渐变段。

3. 倒虹吸管

倒虹吸管是一种用于连接渠道的压力管道，形状类似于倒置的虹吸管，特别适用于横跨山谷、河流和道路的情况。相较于渡槽，倒虹吸管具有低成本和便捷施工的优点，但在运行时会有较大的水头损失，管理起来也不如渡槽方便。通常情况下，倒虹吸管用于难以建造渡槽或需要高填方建设的场合，以及当渠道水位与河流或道路的高度接近时。

倒虹吸管主要由进口段、管身和出口段三部分组成。

（1）进口段

进口段通常包括渐变段、闸门和拦污栅。渐变段采用扭曲面或八字墙等形式，有助于平稳引导水流进入倒虹吸管，减少水头损失。闸门用于管道内的清淤和检修，而对于小型倒虹吸管则可能在进口侧墙上预留检修门槽。拦污栅主要用于拦截杂物和防止人畜掉入渠道，防止被吸入倒虹吸管内部。在泥沙含量较高的河流中，还会设置沉沙池，以防止粗颗粒泥沙进入倒虹吸管。

（2）管身

圆形管由于水力和受力条件优越，通常在大、中型工程中广泛采用。相比之下，矩形管更适用于水头较低的中、小型工程。倒虹吸管可以根据流量大小和具体运用需求，设计为单管、双管或多管形式。在管路变坡或转弯处，通常需要设置镇墩来保证结构稳定和流体顺畅传输。

（3）出口段

出口段的布置形式与进口段基本相同。单管可不设闸门。若为多管，可在出口段侧墙上预留检修门槽。出口渐变段比进口渐变段稍长。

4. 涵洞

涵洞是渠道与溪谷、道路等相交叉时，为宣泄溪谷来水或输送渠水，在填方渠道或道路下修建的交叉建筑物。

涵洞由进口段、洞身和出口段三个部分组成。其顶部往往有填土。涵洞一般不设闸门，有闸门时称为涵洞式或封闭式水闸。进、出口段是洞身与渠道或沟溪的连接部分，其形式选择应使水流平顺地进出洞身，以减小水头损失。

小型涵洞的进、出口段都用浆砌石建造。大、中型工程可采用混凝土或钢筋混凝土结构。为适应不均匀沉降，常用沉降缝与洞身分开，缝间设止水。

由于水流状态的不同，涵洞可以是无压的、有压的或半有压的：①有压涵洞。水流充满整个洞身断面，在整个洞内从进口到出口都处于有压流状态。②无压涵洞。洞内水流具有自由表面，从进口到出口始终保持无压流状态。这种类型的涵洞在渠道上输水时较为常见。③半有压涵洞。进口洞顶水流封闭，但洞内水流仍然具有自由表面，这种涵洞介于有压涵洞和无压涵洞之间。

涵洞的形式一般是指洞身的形式。依据应用场景、功能特性、构建形态与建材选择等方面，常见的涵洞类型包括圆形、箱形、拱涵等。圆形涵洞受力条件好，泄水能力大，宜于预制，适用于上面填土较厚的情况，为有压涵洞的主要形式；箱式涵洞多为四边封闭的矩形钢筋混凝土结构，泄量大时可用双孔或多孔，适用于填土较浅的无压或低压涵洞；拱形涵洞顶部为拱形，也有单孔和多孔之分，常用混凝土和浆砌石做成，适用于填土高度及跨度较大而侧压力较小的无压涵洞。

5. 陡坡及跌水

当渠道通过地面坡度较陡的地段或天然的跌坎时，可以在落差集中处建造跌水或陡坡结构。跌水是指使上游水流自由跌落到下游渠道的建筑物，而陡坡则是使上游渠道沿陡槽下泄到下游渠道的建筑物。根据地面坡度和上下游渠道落差的大小，可以选择单级跌水或多级跌水结构。它们的基本构造相似。跌水的上下游渠底高差称为跌差。通常在土基上，单级跌水的跌差一般小于 3～5 m，超过此值时宜选择多级跌水结构。

单级跌水通常由进口连接段、跌水口、跌水墙、侧墙、消力池和出口连接段组成。多级跌水与单级跌水构造相似，不同之处在于将消力池做成几个阶梯，每级的落差和消力池长度相等，以保持每级具有相同的工作条件，并便于施工。

陡坡的构造与跌水相似，区别在于陡坡段取代了跌水墙的位置。

二、渠系主要建筑物的施工方法

（一）渠道施工

渠道建设包括渠道开挖、渠堤填筑和渠道衬砌等步骤。渠道施工的特点是工程量大，施工线路长、场地分散；但工种单纯，技术要求较低。

1. 渠道开挖

渠道开挖的施工方法包括人工开挖、机械开挖和爆破开挖等。选择开挖方法需考虑技术条件、土壤特性、渠道横断面尺寸、地下水位等因素。通常，渠道开挖后的土方会堆放在渠道两侧形成渠堤。因此，铲运机、推土机等各类机械设备在渠道工程中得到广泛应用。

（1）人工开挖

施工排水。渠道开挖首先要解决地表水或地下水对施工的干扰问题，办法是在渠道中设置排水沟。排水沟的布置既要方便施工，又要保证排水的通畅。

开挖方法。开挖方法有一次到底法和分层下挖法。在干地上进行渠道开挖时，应从渠道中心向外分层下挖，先挖深度后扩宽度。为方便施工加快工程进度，边坡处可先按设计坡度要求挖成台阶状，待挖至设计深度时再进行削坡。开挖后的弃土，应先行规划，尽量做到挖填平衡。

边坡开挖与削坡。如果一次性挖掘成斜坡，会对挖掘进程产生影响。因此。一般先按设计坡度要求挖成台阶状，其高宽比按设计坡度要求开挖，最后进行削坡。

（2）机械开挖

推土机开挖。挖掘深度通常不应超过 2 m，填筑渠堤高度不宜超过 3 m，其边坡不宜陡于 1 : 2。推土机还可用于平整渠底，清除腐殖土层、压实渠堤等。

铲运机开挖。铲运机最适宜开挖全挖方渠道或半挖半填渠道。对需要在纵向调配土方的渠道，如运距不远，也可用铲运机开挖。铲运机开挖渠道的开行方式有环形开行和"8"字形开行。①环形开行：当渠道开挖宽度大于铲土长度，而填土或弃土宽度又大于卸土长度，可采用横向环形开行。反之，则采用纵向环形开行，铲土和填土位置可逐渐错动，以完成所需断面。"8"②字形开行：当工作前线较长，填挖高差较大时，则应采用"8"字形开行。其进口坡道与挖方轴线间的夹角以 40° ~ 60° 为宜，过大则重车转弯不便，过小则加大运距。

（3）爆破开挖

使用爆炸方法挖掘水道时，药包应根据开挖断面的大小沿渠线布置成一排或几排。当渠底宽度超过深度的两倍时，应布置 2 ~ 3 排以上的药包，但最多不超过 5 排，以避免爆破后回落的土方过多。单个药包的装药量及其间距、排距需要根据爆破试验的结果来确定。

2. 渠堤填筑

渠堤填筑前要进行清基，清除基础范围内的块石、树根、草皮、淤泥等杂质，并将基面略加平整，再进行刨毛。如基础过于干燥，还应洒水湿润，再填筑。

用于构建渠堤的土壤材料首选是颗粒细小且湿润的松散土壤，如沙质黏土或者沙质壤土。如果需要混合多种土壤，则应该把不易渗透的水分较少的土壤放在受水的一侧，而易于渗水的土壤放置在远离水源的那一侧。土料中不得掺有杂质、应保持一定的含水量，以利于压实。严禁使用冻土、淤泥、净砂等。

为了保证安全，取土坑与堤脚之间应该有一定的间距，且挖土的深度不应该超过 2 m，取土时应该先取远处的土，然后再取近处的土，并留有斜坡道以便运土。半填半挖渠道应尽量利用挖方填堤，只有土料不足或土质不能满足填筑要求时，才在取土坑取土。

对于渠道堤坝建设而言，每一层都应该被均匀地覆盖和压实。理想情况下，每一层的覆土深度大约是 20~30 cm，并且需要确保其表面平整且无凹凸。每层铺土宽度应保证土堤断面略大于设计宽度，以免削坡后断面不足。堤顶应做成坡度为 2%~4% 的坡面，以利于排水。填筑高度应考虑沉陷，一般可预加 5% 的沉陷量。

3. 渠道衬护

渠道保护即使用灰土、砌石、混凝土、沥青和塑料薄膜等材质在渠道内壁上建造防护层。在选择衬护类型时，应考虑以下原则，即防渗效果好，因地制宜，就地取材，施工简便，能提高渠道输水能力。

（1）灰土衬护

灰土由石灰和土料构成。衬护的灰土比一般为 1:6~1:2（重量比）。衬护厚度一般为 20~40 cm。灰土施工时，首先需要对筛选过的细腻土壤和石灰粉进行干燥搅拌，然后加入适量的水分并再次搅拌均匀。接着，放置一段时间使石灰粉完全熟化，待稍微变干后即可开始逐层填充并压实。在压实过程中，要注意平整斜坡表面以避免出现裂缝。完成压实步骤后，还需进行适当的养护，养护完成后再注入水源。

（2）砌石衬护

砌石衬护有三种形式：干砌块石、干砌卵石和浆砌块石。干砌块石用于土质较好的渠道，主要起防冲作用；浆砌块石用于土质较差的渠道，起抗冲防渗作用。用干砌卵石衬砌施工时，应先按设计要求铺设垫层，再砌卵石。砌筑卵石以外形稍带扁平而大小均匀的为好。砌筑时应采用直砌法，即要求卵石的长边垂直于边坡或渠底，并砌紧、砌平、错缝，且坐落在垫层上。为了防止砌面被局部冲毁而扩大，每隔 10 ~ 20 m 距离，用较大的卵石干砌或浆砌一道隔墙，隔墙深 60 ~ 80 cm，宽 40 ~ 50 cm，以增加渠底和边坡的稳定性。渠底隔墙可砌成拱形，其拱顶迎向水流方向，以提高抗冲能力。砌筑顺序应遵循"先渠底，后边坡"的原则。块石衬砌时，石料的规格一般以长 40 ~ 50 cm，宽 30 ~ 40 cm，厚度不小于 8 ~ 10 cm 为宜，要求有一面平整。

（3）混凝土衬护

混凝土衬护有现场浇筑和预制装配两种形式。前者接缝少、造价低，适用于挖方渠段，后者受气候条件影响小，适用于填方渠段。大型渠道的混凝土衬护多采用现浇施工。在渠道开挖和压实后，先设置排水，铺设垫层，然后浇筑混凝土。浇筑时按结构缝分段，一般段长为 10 m 左右，先浇渠底，后浇渠面。渠底一般多采用跳仓法浇筑。装配式混凝土衬护是在预制厂制作混凝土衬护板，运至现场后进行安装，然后灌注填缝材料。装配式混凝土预制板衬护，具有质量容易保证、施工受气候条件影响较小的特点。但接缝较多且防渗、抗冻性能较差，故多用于中小型渠道。

（4）沥青衬护

沥青材料渠道衬砌有沥青薄膜与沥青混凝土两大类。沥青薄膜类的防水系统可以根据其建造方式被划分为现场浇筑和预制件两种类型。而现场浇筑则可进一步细分为沥青喷涂法和沥青砂浆法。现场喷洒沥青薄膜施工，首先要求将渠床整平、压实、并洒水少许、然后将温度为 200 ℃的软化沥青用喷洒机具，在 354 kPa 压力下均匀地喷洒在渠床上，形成厚 6 ~ 7 mm 的防渗薄膜。一般需喷洒两层以上，各层间需结合良好。喷洒沥青薄膜后，应及时进行质量检查和修补工作。最后在薄膜表面铺设保护层。沥青砂浆防渗多用于渠底。施工时先将沥青和砂分别加热，然后进行拌和，拌好后保持在 160 ~ 180 ℃，即行现场摊铺，然后用大方铢反复烫压，直至出油，再作保护层。

（5）塑料薄膜衬护

对于管道防水用的聚乙烯材料，其最合适的厚度应为 0.12 ~ 0.20 mm。塑料薄膜的铺设方式有表面式和埋藏式两种。表面式是将塑料薄膜铺于渠床表面，埋藏式是在铺好的塑料薄膜上铺筑土料或砌石作为保护层。保护层厚度一般不小于 30 cm，在寒冷地区需要加厚。塑料薄膜衬砌渠道施工，大致分为渠床开挖和修整、塑料薄膜的加工和铺设、保护层的填筑三个施工过程。塑料薄膜的接缝可采用焊接或搭接。

（二）渡槽施工

根据施工方式，渡槽可以被划分为装配型和现浇型两种类别。其中，装配型渡槽因其简洁的施工过程、缩短的工作周期、提升质量、降低劳动力负担、节省钢木材料以及减少工程成本等优点而得到了广泛应用。

1. 装配式渡槽施工

装配式渡槽施工包括预制和吊装两个过程。

（1）构件的预制

排架的预制。槽架是渡槽的支承构件，为了便于吊装，一般选择靠近槽址的场地预制。制作的方式有地面立模和砖土胎模两种。地面立模是在平坦夯实的地面上用 1∶3∶8 的水泥、黏土、砂浆抹面，厚约 1 cm，压抹光滑作为底模，立上侧模后就地浇制，拆模后，当强度达到 70% 时，即可移出存放，以便反复利用场地。砖土胎模的底模和侧模均采用砌砖或夯实土做成，与构件接触面用水泥、黏土、砂浆抹面，并涂上脱模剂即可。使用土模应做好四周的排水工作。

槽身的预制。槽身的预制宜在两排架之间或排架一侧进行。槽身的方向可以垂直或平行于渡槽的纵向轴线，根据吊装设备和方法而定。要避免因预制位置选择不当，从而造成起吊时发生摆动或冲击现象。

预应力构件的制造。在制造装配式梁、板及柱时采取预应力钢筋混凝土结构，不仅能提高混凝土的抗裂性与耐久性，减轻构件自重，并可节约钢筋 20%~40%。预应力就是在构件使用前，预先加一个力，使构件产生应力，以抵消构件使用时荷载产生相反的应力。制造预应力钢筋混凝土构件的方法很多，基本上可分为先张法和后张法两大类。①先张法，就是在浇筑混凝土之前，先将钢筋拉张固定，然后立模浇筑混凝土。等混凝土完全硬化后，去掉拉张设备或剪断钢筋，利用钢筋弹性收缩的作用，通过钢筋与混凝土间的黏结力把压力传给混凝土，使混凝土产生预应力。②后张法，就是在混凝土浇好以后再张拉钢筋。这种方法是在设计配置预应力钢筋的部位，预先留出孔道，等到混凝土达到设计强度后，再穿入钢筋进行拉张，拉张锚固后，让混凝土获得压应力、并在孔道内灌浆，最后卸去锚固外面的拉张设备。

（2）渡槽的吊装

排架的吊装。槽架下部结构包括支柱、横梁和整体排架等。支柱和排架的吊装通常采用垂直吊插法和就地旋转立装法两种方法。垂直吊插法是利用吊装设备将整个排架垂直吊离地面，然后对准基础预留的杯口进行校正和固定。就地旋转立装法则是将支架作为一个旋转杠杆，其旋转轴心设在架脚处，并与基础铰接。吊装时，使用起重机吊钩拉起排架顶部，使排架就地旋转并立于基础上。

槽身的吊装。基本上可分为两类，即起重设备架立于地面上吊装和起重设备架立于槽墩或槽身上吊装。

2. 现浇式渡槽施工

现浇式渡槽的施工主要包括槽墩和槽身两部分。

（1）槽墩的施工

渡槽槽墩的施工通常采用常规方法或滑升模板施工法。使用滑升模板时，采用坍落度小于 2 cm 的低流态混凝土，并在混凝土中掺入速凝剂，以确保混凝土在浇筑过程中能够随浇随滑升，防止坍塌。

（2）槽身的施工

渡槽槽身的混凝土浇筑在整体浇筑顺序上有几种方式，如：从一端向另一端推进、从两端向中部推进以及从中部增加两个工作面向两端推进。槽身如采取分层浇筑时，必须合理选取分层高度，应尽量减小层数，并提高第一层的浇筑高度。对于断面较小的梁式渡槽，一般采用全断面一次平起浇筑的方式。"U"形薄壳双悬臂梁式渡槽，一般采用全断面一次平起浇筑。

（三）倒虹吸管施工

1. 管座施工

完成基础清理和地基准备后，可以开始实施管道支座的建设。常见的管道支座类型包括刚性弧形管座、双节点的刚性管座以及中间为空腔的刚性管座。刚性弧形管座通常在管道安装前一次性制作完成，然后继续进行管道工程。但如果管道直径较大，需要预制管座并在内部模板底部设置可移动的孔洞，以便灌注水泥。另一种方法是逐步建造，首先构建底部部分（大约 80°）的小型弧形管座，将其视为外部模板的一部分。当水泥达到一定深度时，开始砌筑小型弧形管座周围的水泥砖块，并同时浇注剩余的混凝土，直至整个管道支座完全建成。

除了刚性弧形管座，还有双节点式的刚性管座和中间为空腔的刚性管座两种常见类型。这些类型都需要提前准备好管道支座，并在外部基座底部形成空缺区域，可以使用土质模型代替外部模板。

在实际操作中，必须确保基座下方的回填土被精确压实，以避免土壤压缩引起混凝土裂缝的发生。

2. 混凝土的浇筑

对于灌溉区的构筑设施而言，如倒置的输水涵洞等，其所使用的混凝土对抵抗张力与渗透的要求远超过普通构造中的混凝土。通常情况下，需要把混凝土的水泥和水的比例保持在 0.5~0.6，如果可能，可以降低至 0.4。坍落度用机械振捣时为 4~6 cm，人工振捣不应大于 6~9 cm。含砂率常用值为 30%~38%，以采用偏低值为宜。为便于整个管道施工，可每次间隔一节进行浇筑，例如先浇 1#、3#、5# 管，再浇 2#、4#、6# 管。

一般常见的倒虹吸管有卧式和立式两种。在卧式倒虹吸管中，又可分为平卧和斜卧两种形式。平卧倒虹吸管主要适用于管道通过水平或缓坡地段的情况，而斜卧倒虹吸管则多用于进出口地形较为陡峭的区域。至于立式倒虹吸管，则通常采用预制管道进行安装。

不论是平卧还是斜卧倒虹吸管，在浇筑时都必须注意两侧或周围进料的均匀性和一致性。否则，可能会导致模板移位，造成管壁厚度不均匀，严重影响管道的质量。

第三节　橡胶坝

橡胶坝是一种水利工程结构，通常用于控制水流或调节水位。它主要由橡胶材料制成，具有良好的柔韧性和密封性能。橡胶坝通常安装在河流或水库的水位控制处，通过充气或固定在地面上，可以有效地调节水流，防止洪水或调整水库水位，以满足灌溉、供水或其他水利工程的需要。

一、橡胶坝的形式

橡胶坝分袋式、帆式及刚柔混合结构式三种坝型，比较常用的是袋式坝型，又称坝袋。坝袋按充胀介质可分为充水式、充气式和气水混合式；按锚固方式可分锚固坝和无锚固坝，锚固坝又分单线锚固和双线锚固等。

橡胶坝按岸墙的结构形式可分为直墙式和斜坡式。直墙式橡胶坝的岸墙呈垂直或接近垂直的形式，直接与水体接触。这种设计通常适用于需要较高水位控制或较大水流调节的场合，具有结构简单、操作方便等优点。斜坡式橡胶坝的岸墙采用斜坡状设计，斜面与水体接触。斜坡式橡胶坝在水流经过时能够减少水流的冲击力，有助于减少坝体的应力集中，适用于一些需要减少水流对坝体冲击的场合。

二、橡胶坝组成及其作用

橡胶坝结构主要由土建部分、坝体、控制和安全观测系统三个部分组成。

（一）土建部分

土建部分通常包括基础底板、边墩（岸墙）、中墩（多跨式）、上下游翼墙、上下游护坡、上游防渗铺盖或截渗墙、下游消力池和海漫等结构。

铺盖常采用混凝土或黏土结构，其厚度根据不同的材料而定。一般而言，混凝土铺盖的厚度约为 0.3 m，黏土铺盖的厚度不小于 0.5 m。护坡（消力池）一般采用混凝土结构，其厚度通常在 0.3 ~ 0.5 m 之间。海漫一般采用浆砌石、干砌石或铅丝石笼，厚度一般为 0.3~0.5 m。

1. 底板

橡胶坝的底板通常指坝体底部的结构部分，用于支撑和固定橡胶坝的主体。底板的设计和材料选择对于橡胶坝的稳定性和功能起着关键作用。

2. 中墩

中墩的作用主要是分隔坝段，安放溢流管道，支承枕式坝两端堵头。

3. 边墩

边墩的作用主要是挡土，安放溢流管道，支承枕式坝两端堵头。

（二）坝体（橡胶坝袋）

坝体使用高强合成纤维织物作为受力骨架，内外涂上合成橡胶作为黏结保护层的胶布，锚固在混凝土基础底板上，形成封闭袋形结构。这种胶布袋通过注入水（或气体）压力来充胀，从而形成柔性挡水坝。橡胶坝的主要作用是依靠内部的胶布（通常使用锦纶帆布）来承受拉力，同时橡胶层保护胶布免受外界力量的损害。根据坝高不同，坝袋可以选择一布二胶、二布三胶、三布四胶，采用最多的是二布三胶。一般夹层胶厚 0.3 ~ 0.5 mm，内层覆盖胶大于 2.0 mm，外层覆盖胶大于 2.5 mm。坝袋表面上涂刷耐老化涂料。

（三）控制和安全观测系统

控制和安全观测系统包括充胀和坍落坝体的充排设备、安全及检测装置。

三、橡胶坝设计要点

（一）坝址选择

在规划阶段，需要依据橡胶坝的特点及其应用需求，全面评估地理位置、土质状况、水流情况、泥沙含量、生态环境的影响等各种要素，并通过技术与经济效益分析做出最终的选择。避免选择那些河道较为笔直、流水稳定且岸边稳固的位置；也需避开容易受到侵蚀或沉积物变动较大的区域。此外，还须考虑到建设时的引流设施、交通便利程度、水电供应能力、运营维护、检查维修等方面的情况。

（二）工程布置

工程布置应当追求布局合理、结构简单、安全可靠、运行方便、造型美观的原则。这些原则包括土建结构、坝体设计、充排系统以及安全观测系统等内容。坝的长度应与河（渠）的宽度相适应，确保在发生坍塌时能够满足河道设计的洪水要求。单跨坝的长度应满足坝袋的制造、运输、安装、检修和管理的各项要求。在取水工程中，必须确保进水口的取水能力和防止沙尘的可靠性，以保证工程的稳定和长期运行的有效性。

（三）坝袋

在橡胶坝设计中，设计荷载主要考虑外部静水压力和内部充水（或气）压力。选择内外压比值时需进行技术经济比较。推荐充水橡胶坝选择 1.25 ~ 1.60 的比值，充气橡胶坝选择 0.75 ~ 1.10 的比值，以兼顾安全性能和经济性。坝袋的强度设计安全系数应满足要求，充水坝不小于 6.0，充气坝不小于 8.0。坝袋袋壁的径向拉力应按平面问题计算，确保结构稳定和可靠性。此外，坝袋的胶布材料需满足强度要求，并具备耐老化、耐腐蚀、耐磨损、抗冲击、抗屈挠、耐水和耐寒等性能，以保证橡胶坝在各种环境条件下长期可靠运行。

（四）锚固结构

锚固结构形式可分为螺栓压板锚固、楔块挤压锚固以及胶囊充水锚固三种。选择适合的锚固方式需考虑项目规模、制造环境、使用寿命以及建设与维护的因素，需要进行全面的成本分析来做出决策。锚固线布置分单锚固线和双锚固线两种。采用岸墙锚固线布置的工程应满足坍坝时坝袋平整不阻水，充坝时坝袋褶皱较少的要求。对于重要的橡胶坝工程，应做专门的锚固结构试验。

（五）控制系统

坝袋的充胀与排放所需时间必须与工程的运用要求相适应。

坝袋的充水和排水方式可以采用动力型或混合型，具体选择应基于工程现场的环境和使用需求。特别是充水坝的水源必须保持清洁。设计充排系统包括动力装置、管道系统和进出水口（气口）设备等。在设计动力设备时，需要考虑工程状况、管理可靠性以及操作便利性等因素，以便经济地选择水泵或空压机的数量和容量。对于重要的橡胶坝项目，应配置备用动力设备以备不时之需。

管道设计必须与水源和排气时间相匹配，确保布局合理、运行稳定且维护简便，并具备足够的充水和排气能力。进水口和出水口应配备适当的水帽，并应位于可以完全排空水（气）的位置。此外，坝内还应设置导流（气）设备。

在寒冷环境下，管道安装应符合防冻标准，以确保系统的正常运行和设备的长期使用。

（六）安全与观测设备

安全设备设置应满足下列要求：①充水坝设置安全溢流设备和排气阀，坝袋内压不超过设计值；②排气阀装设在坝袋两端顶部；③充气坝设置安全阀、水封管或"U"形管等充气压力监测设备；④对建在山区河道、溢流坝上或有突发洪水情况出现的充水式橡胶坝，宜设自动坍坝装置。

观测装置设置应满足下列要求：①橡胶坝上、下游水位观测，设置连通管或水位标尺，必要时亦可采用水位传感器；②坝袋内压力观测设置为充水坝采用坝内连通管；③充气坝安装压力表；④对重要工程应安装自动监测设备。

（七）土建工程

橡胶坝土建工程通常包括多个组成部分，如基础底板、边墩（岸墙）、中墩（多跨式）、上下游翼墙、上下游护坡、上游防渗铺盖或截渗墙、下游消力池、海漫等。

坝底板、岸墙（中墩）应根据地基条件、坝高及上、下游水位差等确定其地下轮廓尺寸。其应力分析应根据不同的地基条件，参照其他规范进行计算；稳定计算可只作防渗、抗滑动计算。

橡胶坝应尽量建在天然地基上，对建在较弱地基上的橡胶坝应进行基础处理。上、下游护坡工程应根据河岸土质及水流流态分别验算边坡稳定及抗冲能力。护坡长度应大于河底防护的范围。

消力池（护坦）、海漫、铺盖除应满足消能防冲外，还应考虑减轻和防止坝袋振动。对经常溢流的橡胶坝工程，宜设陡坡段与下游消力池（护坦）衔接。应根据运用条件选择最不利的水位和流量组合进行消能防冲计算。

充气橡胶坝的消能防冲计算，应考虑坍坝时坝袋出现凹口引起单宽流量增大的因素。

控制室应满足机电设备布置和操作运行及管理需要，室内地面高程应高于校核洪水位。地下泵房应作防渗、防潮处理。

在已建拦河坝顶或溢洪道上加建橡胶坝时，应对原工程抬高水位后进行稳定及应力校核，并应考虑上游淹没影响和不得降低原有防洪标准。

采用堵头式锚固的橡胶坝应采取有效措施防止端部坍塌。

四、土建工程施工

（一）基坑开挖

基坑开挖应该在准备工作完成后进行，针对沙砾石河床，一般使用反铲挖掘机进行挖掘，然后用自卸汽车将挖出的土石运至废弃区域。需注意留出一定厚度（20～30 cm）的保护层，用人工挖清理至设计高程。

针对大坝基础石块的挖掘，应从顶部逐步向下进行操作。斜坡形状的设计可以采用预裂爆炸药或光滑的爆破物来实现，特别是当斜坡高度较大时，需要考虑逐步切割的方法。在进行大规模基础石块清理时，应采用多层次的爆破分解方式。紧邻水平建基面时，可以预留保护层进行分层爆破，以避免产生过多的爆破裂隙，从而保护岩体的完整性。在设计边坡开挖前，应及时处理开挖边线外的危险岩石，进行削坡、加固和排水等必要工作。

在挖掘过程当中，一旦遇到雨水堆积或者地下水的渗透，需要立即将其排空，不能让其长时间滞留；如果地基的条件无法达到设计的标准，则需进一步挖掘以进行调整，同时避免出现局部下沉的情况。侧墙开挖要严防塌方，以免影响工期。泵房施工及设备安装参照《水利泵站施工及验收规范》（GB/T 51033-2014），并注意防渗要求，使橡胶坝能正常运行操作。

（二）混凝土施工

主要有坝底板、上游防渗铺盖、下游消力池、边墩（中墩）等混凝土施工。一般从岸边向中间跳仓浇筑，先浇筑坝基混凝土，再浇上游防渗铺盖混凝土、下游消力池混凝土。

混凝土施工流程的基本步骤如下：首先进行基础开挖，随后铺设垫层混凝土并安装供排水管道。接下来进行钢筋的制作与安装，同时安装埋件和止水措施。然后进行模板的安装，完成后进行混凝土的浇筑。在混凝土入仓过程中，应注意吊罐卸料口与仓面的接近，采用台阶法或斜层铺筑法，避免对钢筋或预埋件造成干扰。振捣时必须严禁接触预埋件及钢管。

对于边墩（中墩）的混凝土施工流程，同样先进行基础开挖，接着铺设混凝土垫层并安装供排水管道。然后进行基础钢筋的制作与安装，同时安装基础预埋件和止水措施。随后制作并安装基础模板，完成后进行基础混凝土的浇筑。接下来进行墩墙钢筋的制作与安装，并安装墩墙的模板，完成后进行墩墙混凝土的浇筑。在墩墙混凝土施工过程中，顶部设有下料漏斗，保证均匀下料，并进行分层振捣以保证密实性。

止水安装，如橡皮止水带（条）、铝皮止水等按设计要求进行。施工中按尺寸加工成型，拼组焊接。防止止水卷曲和移位，严禁止水上钉铁钉、穿孔。

（三）埋件和锚固

1. 预埋件安装

埋件安装涉及多种预埋设施，包括一期混凝土、地下结构和其他砌体中的预埋件，如供排水管和套管、电气管道及电缆、设备基础、支架、吊架、坝袋锚固螺栓、垫板锚钩以及接地装置等。

在坝袋的埋件安装中，主要包括锚固螺栓和垫板。在坝底板立模和钢筋扎制完成后，需要在钢筋上标示出锚固槽的位置。按照要求将垫板摆放到位，并在两端焊接拉线固定架。通过拉线确定垫板的中心线和高程控制线，将垫板抬至设计要求的高程，确保中心对齐后进行焊接固定。随后进行统一的测量和检查调整，确保垫板安装正确无误。当所有垫板安装完毕并经过检查确认无误后，可以从下向上穿入锚固螺栓至垫板的锚栓孔中。在此过程中需测量高程，调整垂直度，并进行最终的固定操作。

锚固螺栓和垫板全部安装完成后，可安装锚固槽模板和浇筑混凝土。

2. 锚固施工

锚固结构形式可分为螺栓压板锚固和模块挤压锚固。

（1）螺栓压板锚固

在预埋螺栓的安装过程中，可以采用活动木夹板固定螺栓的位置，并使用经纬仪测量，确保螺栓的中心线成为一条直线。使用水准仪测量螺栓的高度，确认无误后，使用木支撑将活动木夹板固定在槽内。之后使用一根钢筋将所有钢筋和两侧的预埋件焊接在一起，以确保螺栓稳固不动。只有在这些步骤完成后，才可以向槽内浇筑混凝土。

混凝土的浇筑通常分为两个阶段：首先，一期混凝土浇筑至距离锚固槽底部 100 mm 时，应测量螺栓中心位置的高程和间距，如发现误差，需要及时纠正。其次，在混凝土初凝前，进行第二期混凝土的浇筑，并再次进行校核工作。对于压板的制造，除了按设计尺寸制作外，还需准备少量尺寸不同的压板，以适应拐角等特殊部位的需要。

（2）楔块挤压锚固

在基础底板上设置锚固槽时，槽的尺寸允许偏差为 ±5 mm，确保槽口线和槽底线直且槽壁光滑平整无凸凹。为便于掌握这些标准，可采用二期混凝土施工，预留的范围可宽一些。浇筑混凝土模块时，尺寸偏差需控制在小于 2 mm 以内，特别是直立面必须垂直，而前后模块的斜面角度应保持一致，通常取斜坡角度为 75°。

锚固线的布置分为单线锚固和双线锚固两种方式。单线锚固只在上游一侧设置锚固线，尽管锚线短且锚固件较少，但此方法常用于低坝和充气坝，因为它可以使坝袋在上游侧有较大的移动范围。然而，这种设置不利于坝袋的防振和防磨损，特别是在坝顶溢流时，可能在下游坝脚处产生负压，导致泥沙或漂浮物吸进坝袋底部，加速磨损。双线锚固则将胶布分别锚固于四周，锚线较长且锚固件较多，安装工作量也相应增加。然而，由于四周都有锚固点，坝袋的移动范围较小，有利于坝袋的防振和防磨损，尤其是在复杂环境条件下能更有效地保护坝袋的安全性和持久性。选择单线锚固还是双线锚固应根据具体的工程要求和环境条件进行综合考虑，以确保橡胶坝的稳定性和长期运行安全性。

五、坝袋安装

（一）安装前检查

在进行坝袋装配之前，需要进行以下几个方面的检查：①水泥质量和平整性。确保模块、基座底部和岸壁的水泥质量符合设计标准；②接合处是否平整和光滑；③排水管路的通畅性。检查排水管路，确保通畅，没有任何泄露的情况；④预埋螺栓、垫板、压板、螺帽（或锚固槽、模块、木芯）、进出水口（气口）、排气孔、超压溢流孔的位置和尺寸必须符合设计要求；⑤坝袋和底垫片运抵现场后，应结合就位安装，并首先复查其尺寸，同时检查搬运过程中是否有损伤，如有损伤应及时修补或更换。

（二）坝袋安装顺序及要求

1. 底垫片就位

根据底板上的中心线和锚固线的位置，将底垫片暂时固定在底板的锚固槽和岸墙上。在设计位置开挖进出水口并安装水帽，同时对孔口垫片的周围进行至少三倍孔径范围的补强处理。为了防止止水胶片在安装过程中移动，建议将其粘贴在底垫片上。

2. 坝袋就位

底垫片就位后，将坝袋胶布平铺在底垫片上，先对齐下游端相应的锚固线和中心线，再使其与上游端锚固线和中心线对齐吻合。

3. 双线锚固型坝袋安装

按照先从下游开始，接着上游，最后是岸墙的顺序进行操作。首先，从下游底板的中心线开始，向左右两侧同时安装。安装完下游部分后，将坝袋的胶布朝向下游翻转,安装导水胶管。然后将胶布朝向上游翻转,对准上游的锚固中心线,同样从底板中心线开始向左右两侧同时安装。在安装岸墙的两侧边墙时,需要将坝袋布挂起并撑平,从下部向上部进行锚固。

4. 单线锚固型坝袋的安装

单线锚固只有上游一条锚固线,锚固时从底板中心线开始,向两侧同时安装。先安装底层,装设水帽及导水胶管,放置止水胶,再安装面层胶布。

5. 堵头式橡胶坝袋的安装

先将两侧堵头裙脚锚固好,然后从底板中线开始,向两侧连续安装锚固。为了避免误差集中在一个小段上,坝袋产生褶皱,不论采用何种方法锚固,锚固时必须严格控制误差的平均分配。

6. 螺栓压板锚固施工步骤

压板在安装时要确保首尾对齐,若出现不平整情况则需用橡胶片进行垫平。在紧固螺帽时,应进行多次拧紧,特别是在坝袋充水试验后再次进行紧固。推荐使用扭力扳手,按照设定的扭力矩逐个拧紧螺栓。卷入的压轴(可以是木芯或钢管)的对接缝应与压板的接缝错开,以避免出现软缝,从而防止局部漏水的问题。

7. 混凝土模块锚固施工步骤

将坝袋胶布与底垫片卷入术芯,并推至锚固槽的半圆形小槽内。逐个放入前模块,在两端处打入木模块,在前模块的中间放置后模块。使用大铁锤交替打击木模块和后模块,反复敲打以确保后模块达到设计深度并紧密固定。只有当后模块达到设计要求时,才能撬起术模块并更换另外两块后模块,如此反复进行。在锚固到岸墙与底板转角处时,需要以锚固槽底部的高程作为控制点。此时,坝袋胶布可以放宽约 300 mm,以满足槽底最大弧度的要求。

六、控制、安全和观测系统

（一）控制系统

控制系统由水泵（鼓风机或空压机）、机电设备、传感器、管道和阀门等组成。其施工安装要求较高，任何部位漏水（气）都会影响坝袋的使用，在安装中应注意下列事项。

在安装所有闸阀之前，必须进行压力试验，确保无漏水（气）现象才能投入使用。所有仪表在安装前必须经过调试和校验。

充水式橡胶坝的管道大多采用钢管，其弯头、三通和闸阀的连接处均采用法兰和橡胶圈止水连接，优先选用厂家提供的产品。管道在底板分缝处应安装橡胶伸缩节，并与固定法兰连接。

充气式橡胶坝的管道全部采用无缝钢管。为了节省管道，进气和排气管路可以共用一条主供、排气管。尽量使用法兰连接管与管之间的连接，坝袋内支管与坝袋内总管的连接可以采用三通或弯头。在排气管道上安装安全阀，当主供气管内压力超过设计压力时启动作用，以防止坝袋因超压而受损。此外，需要在管道上设置压力表，用于监测坝袋内的压力，总管和支管均需设阀门以进行控制。

（二）安全系统

安全系统由超压溢流孔、安全阀、压力表、排气孔等组成，该系统的施工要求严密，不得有漏水（气）现象。安装时注意以下几点：①密封性高的设备都要在安装前进行调试，符合设计要求方能安装使用；②安全装置应设置在控制室内或控制室旁，以利于随时控制；③超压管的设置，其超压排水（气）能力应不小于进坝的供水（气）量。

（三）观测系统

在施工监测系统时，需要注意以下几个方面：①施工安装时一定要掌握仪器精度，要保证其灵活性、可靠性和安全性；②坝袋内压的观测要求独立管理，直接从坝内引管观测，上、下游水位观测要求独立埋管引水，取水点尽量离上下游远点；③坝袋的经纬向拉力观测，要求厂家提供坝袋胶布的伸长率曲线。

七、工程检查与验收

在施工期间，应对坝袋、锚固螺栓或模块的标号、外形尺寸、安装构件、管道以及操作设备的性能进行检查。需验证施工单位提供的质量检验记录和分部分项工程质量评定记录，并进行抽样检查。

坝袋安装完成后，必须进行全面检查。在没有水阻的情况下，应进行坝袋充填试验；如果条件允许，还应进行挡水试验，具体包括：①坝袋及其安装处的密封性；②锚固构件的状态；③坝袋的外观和变形观测；④充填和排放系统的情况；⑤充气坝袋内压力的变化情况。

充填试验完成后，应排除坝袋内的水（气），并重新紧固锚固件。验收坝袋的高度应符合设计要求。在验收前，应进行以下管理和维护工作：①施工单位负责管理和维护工作直至工程验收；②对于施工过程中的遗留问题，施工单位必须认真处理并在验收前解决；③工程竣工后，建设单位应及时组织验收工作。

第四节　老闸拆除工程

一、工程内容

以老闸拆除工程为例，工程的主要内容包括以下几个方面：①拆除老闸桥台、公路桥、人行便桥；②拆除老闸的启闭台梁板和部分胸墙，以及闸墩局部的混凝土结构；③拆除老闸的启闭机房和桥头堡；④在新旧混凝土结合面进行凿毛处理；⑤凿除老闸的门槽；⑥拆除老闸上下游的翼墙混凝土结构；⑦局部拆除老闸的护底护坡砌石；⑧拆除老闸的工作闸门、埋件以及启闭机；⑨拆除老闸的检修门和埋件。

二、施工布置

在老闸布置 1 台 TC4208 塔机，用做老闸桥台、公路桥、人行便桥、启闭台梁板、部分胸墙及闸墩局部砼拆除及启闭机房及桥头堡拆除，新老砼结合面凿毛，门槽凿除施工的垂直运输机械设备。

在老闸南岸临水导流堤上各修建一条临时便道用以上下游扶臂式翼墙砼拆除及护底护坡砌石局部拆除等运输临时通道，临时通道宽 4.5 m，并在临时路上修建厚 15 cm、宽 3.5 m 的 C15 砼路，临时道路坡比不陡于 1 : 8。

三、施工方案

（一）施工程序流程

老闸拆除工程施工程序流程遵循从上至下、同一水平面结构从中间至两边、先坝轴线后两侧的拆除施工程序。

（二）主要部位拆除施工方法

砼拆除主要采用风镐进行拆除，局部辅以人工。拆除砼时露出的钢筋用气焊割断。

1. 桥头堡、启闭机房

拆除桥头堡和启闭机房，施工流程如下：①搭设满堂脚手架从桥头堡楼层或启闭机房内到楼层顶部，脚手架顶部铺设厚度为 5 cm 的脚手板，以接收拆除后的废渣。②首先进行板结构的拆除，然后再进行梁结构的拆除。③拆除后的废渣会掉落到脚手板上，然后通过人工装载到集料斗中，使用 TC4208 型塔机进行垂直运输到 10 t 自卸车上。④自卸车将废渣运输到由监理工程师指定的地点。

2. 启闭台梁板

启闭台梁板下搭设满堂脚手架，其他施工方法与桥头堡、启闭机房的拆除方法相同。

3. 公路桥

先拆除人行道、铺装层结构，然后将公路桥板缝凿出，将公路桥板块用 25 t 吊车吊到 10 t 自卸车上外运。

4. 部分胸墙、闸墩和门槽砼

在设置闸室内的全面脚手架时，需要在待拆除的位置铺上 5 cm 厚的脚手板，并且应当注意与闸室结构增高工程施工相配合使用。其他施工方式与拆除桥头堡和启闭机房的方式一致。

5. 上下游扶臂式翼墙

上下游扶臂式翼墙拆除，结合翼墙后土方开挖进行砼拆除工作，原则上土方每开挖 2 m 深左右进行一次砼拆除工作。

6. 护底护坡局部砌石

在拆除护底和坡的部分砌石时，应充足地考虑利用这些位置作为储存石料的场所。

（三）老闸闸门、埋件及启闭机拆除

1. 老闸启闭机拆除

在拆除启闭机之前，需要将启闭机上的钢丝绳与工作闸门的连接通过气焊割断，确保彻底分离。此外，还要将钢丝绳头暂时固定到启闭机卷筒上，以防止意外松动或掉落。

拆除启闭机房的步骤如下：使用气焊将启闭机固定螺栓割除，以便解除启闭机与房结构的固定；使用 25 t 起重吊车起吊启闭机，并将其从启闭机房中拆卸出来。25 t 吊车在公路桥上就位，拆除启闭机用 10 t 自卸车运到指定的地点。

2. 老闸工作门拆除

老闸工作门共拆除 5 扇，每扇工作门重 15 t。老闸启闭机房排架柱拆除后即开始拆除老闸工作门，工作门用气焊切割成四块，然后用 1 台 25 t 吊车起吊，运输机械设备选用 10 t 自卸汽车。

3. 老闸闸门埋件拆除

老闸闸门埋件拆除施工工艺流程为：操作平台搭设→门槽砼拆除→导轨分段割开→吊车就位→割开连接埋件→分节起吊埋件→自卸车运输。

老闸闸门埋件拆除利用搭设的闸墩间脚手架做操作平台。老闸门槽砼拆除后，将导轨埋件按 4 ~ 5 m 的高度用气焊分段割开，分节割开连接埋件后用 25 t 吊车起吊，起吊后埋件用 5 t 自卸车运到指定的地点。

第五节　观测工程

一、仪器施工方法

（一）观测仪器设备的安装、埋设操作要点

在仪器设备埋设之前，需按以下步骤进行：①制定观测仪器设备的安装和埋设设计方案，包括质量控制措施，并提交给监理进行批准。②对各种观测设施进行编号，并将相关资料提交给监理备查。③仪器设备的安装和埋设必须严格按照施工图经过监理批准的埋设安装程序和方法进行。④观测设施的施工由专业人员现场操作，施工前需提前通知监理工程师到场进行监督。

（二）观测仪器设备的安装、埋设

观测仪器设备的安装和埋设需按照施工图和施工规范进行。水平位移标记和垂直位移标记应在浇筑混凝土时进行埋设。靠近标记点的混凝土采用人工上料和振捣，以确保在施工过程中不损坏标记点并准确安装在位置上。埋设完成后，应立即进行初始值观测；在施工期间，按不同荷载阶段定期进行观测。测压管采用镀锌钢管，水平段应设 5% 的纵坡，进水口略低，各管段确保垂直安装，并进行分段架设和稳固，管口需设置封盖。水位标尺在混凝土拆模后即可开始安装，安装时可利用混凝土工程脚手架作为操作平台。水位标尺通过膨胀螺栓固定在混凝土墙体上。

（三）施工期间的观测

在施工期间，所有观测设备均由专人负责观测和记录；所有观测设备的埋设和安装记录，率定检验记录以及施工期间的观测记录都要整理成册，并移交给监理工程师和业主。

二、观测

（一）监测内容

基坑降水监测、建筑物位移沉降监测。

（二）准备工作

人员组织准备：根据工程的规模、特点和复杂程度成立专门的监测小组，并对操作人员进行详细的检测方案交底。

监测设备准备：根据每一监测工程的特殊要求，准备必要的仪器设备并组织操作人员、熟悉仪器仪表的使用方法，对原有设备进行保养、检验和维修。

（三）监测的实施

1. 地下水位及水量的监测

观测内容包括观测井内水位、河水位、单井出水量及基坑总出水量等。

2. 监测与管理

在降水前，所有抽水井需在统一时间联合测量静止水位，并统一编号并做好记录。在抽水开始的首个 10 天内，要求每天早晚各进行一次水位观测，之后改为每天一次，并详细记录。进入雨季时，应增加水位观测频次。单个井的出水量通过水表测量，基坑总出水量则为各单井出水量之和。

同时，应记录施工期间的气象情况和地表径流情况，并通过对比分析确定地表径流与地下水的水力关系。观测记录应及时整理，制作观测线上水位降深随时间（s–t）的曲线图。分析水位下降的趋势变化，预测达到设计要求的降水时间。根据实际水位随时间的变化，及时发现问题并调整抽排水系统，确保基坑降水顺利进行。

3. 沉降观测

在降水影响范围以外布设三个水准基点，组成水准控制网，对水准基点进行定期校核，防止其本身发生变化。水准基点应在初次观测前一个月埋设好，并相互通视，保证其坚固稳定。

4. 监测的组织实施

所有工作均由专人按时使用固定仪器完成，专人负责记录、整理和填写观测日志、报表等资料，并成立施工监测小组。

（四）资料整理分析

1. 提交监测方案

在进场后，根据抽水试验结果编制完整的监测方案，并提交给监理方审批。经监理方同意后，方可在现场布设观测孔和观测点，开始监测工作。该监测方案将作为施工期间监测工作的指导文件，并纳入监测资料中。

2. 监测日记、监测数据及报表

在监测工作进行期间，专人负责测量和记录气象、现场异常情况以及完成的观测项目。对观测数据进行整理、分析和误差评估，编制报表文件。报表按日期和项目内容编排，并装订成册。

3. 监测报告

随着监测工作的进行，根据监测结果总结实施情况，分析各工程项目的变化规律，提出建议和措施，并撰写阶段性监测报告。监测工作结束后，汇总各阶段成果，编写总报告并归入竣工资料中。

第六节　砌体工程

一、施工方案

（一）浆砌石体砌筑

砌石体应采用铺浆法进行砌筑，砂浆的稠度应保持在 30～50 mm，并在气温变化时进行必要的调整。采用浆砌法砌筑的砌石体在转角处和交接处应同时进行砌筑。对于无法同时完成砌筑的部分，必须预留时间段，并应砌成斜槎。

对于低于 5℃的低温环境下，建筑工程需要特别关注表面的维护工作；而如果温度过高（如高于 30 ℃）或者太冷（低于 0 ℃），则应该暂停建设活动。无防雨棚的舱面，遇到大雨时应立即停止施工，妥善保护表面；雨后应先排除积水，并及时处理冲刷部位。

（二）浆砌石护坡、护底

必须严格采用铺浆法进行砌筑，水泥砂浆的沉入度宜控制在 4~6 cm 之间。禁止采用外侧直立石块、中间填充的砌筑方法。砌体的灰缝厚度应保持在 20~30 mm，砂浆应充实饱满。石块间较大的空隙应先填塞砂浆，然后用碎石或片石加固，不得先放置碎石后填充砂浆或者干填碎石的施工方式。石块之间不应相互接触。

（三）浆砌石挡土墙

毛石料中部厚度不应小于 200 mm；外露面的水平灰缝宽度不得大于 25 mm，竖缝宽度不得大于 40 mm，相邻两层间的竖缝错开距离不得小于 100 mm；砌筑挡土墙施工图纸要求收坡，并设置伸缩缝和排水孔。

（四）养护

砌体外露面，在砌筑后 12～18 h 内应及时养护，保持外露面的湿润。养护时间为水泥砂浆砌体不少于 14 d，砼砌体为 21 d。

（五）水泥砂浆勾缝防渗

在采用料石水泥砂浆勾缝作为防渗体时，应选用细砂和较小的水灰比制作防渗用的勾缝砂浆，水灰比控制在 1：2～1：1 之间。防渗用砂浆需选用 425# 以上的普通硅酸盐水泥。清缝操作应在料石砌筑后 24 h 进行，缝宽不得小于砌缝宽度，缝深不得小于缝宽的 2 倍。在勾缝前，必须彻底冲洗槽缝，确保没有灰渣和积水，并保持缝面湿润。勾缝砂浆必须单独拌制，严禁与砌体砂浆混合使用。完成勾缝后，待砂浆初凝后应及时清洗砌体表面，并至少浸湿覆盖 21 d。在养护期间需定期洒水，保持砌体湿润，避免碰撞和振动。

（六）干砌石体砌筑

干砌石体砌筑的注意事项：①干砌石采用毛石砌筑料；②石料使用

前表面应洗除泥土和水锈杂质；③干砌石砌体铺砌前，应先铺设一层厚为 100 mm 的碎石垫层。

铺设垫层前，应将地基平整夯实。

（七）干砌石护坡

在坡面上的干砌石砌筑过程中，应在夯实的碎石垫层上，采用层层错缝锁结的方式铺砌石块。垫层与砌石铺砌层应配合铺筑，随铺随砌。护坡表面砌缝的宽度不应超过 25 mm，砌石边缘应保持顺直、整齐和牢固。对于砌体外露的坡顶和侧边，应选用较整齐的石块进行平整的砌筑。为确保沿石块全长有坚实的支撑，所有前后的明缝都应使用小片石料填塞，并保证填塞紧密。

二、注意事项

（一）石料

砌石体的石料应采自经监理人批准的料场。砌石材质应坚实新鲜，无风化剥落层或裂纹，石材表面无污垢、水锈等杂质，用于表面的石材，应色泽均匀。石料的物理力学指标应符合施工图纸的要求。

砌石体分毛石砌体和料石砌体。毛石砌体应呈块状，中部厚度不应小于 20 cm，最小重量不应小于 25 kg。规格小于要求的毛石（又称片石），可以用于塞缝，但其用量不得超过该处砌体重量的 10%。料石砌体应根据监理人的指示进行试验，石料容重大于 25 kN/m³，湿抗压强度大于 100 MPa。

（二）砂

砂浆的砂料要求粒径为 0.15 ~ 5 mm，细度模数为 2.5 ~ 3.0。

（三）水泥和水

砌筑工程所使用的水泥品种和标号必须符合本技术条款的规定。到货的水泥应按照品种、标号和出厂日期进行分别堆存，受潮湿结块的水泥严禁使用。在拌制砂浆时，应按照施工规范中的用水质量标准进行操作。对于拌和和养护过程中水质的疑问，应进行砂浆强度验证。

（四）胶凝材料

胶凝材料的配合比必须满足施工图纸规定的强度与施工和易性要求，配合比必须通过试验确定。拌制胶凝材料，应严格按试验确定的配料单进行配料，严禁擅自更改，配料的称量允许误差应符合下列规定：水泥为 ±2%；砂为 ±3%；水、外加剂为 ±1%。胶凝材料拌和过程中应保持粗、细骨料含水率的稳定性，根据骨料含水量的变化情况，随时调整用水量，以保证水灰比的准确性。胶凝材料拌和时间为机械拌和不少于 2~3 min，一般不应采用人工拌和。局部少量的人工拌和料至少干拌三遍，再湿拌至色泽均匀，方可使用。

第七节 建筑与装修工程

建筑与装修工程以某老闸及扩建闸工程为例，工程主要内容包括扩建闸启闭机房，两闸之间新建桥头堡，桥头堡为四层结构。

一、施工安排

老闸和扩建闸的施工顺序和方法相同。具体到每层施工程序如下：①楼板面浇筑从楼梯的上层平台以上的三个台阶部分开始，以及与楼梯联接的楼梯平台以下的构造柱、楼梯平台以下的框架柱进行混凝土浇筑。②框架柱施工（不与楼梯连接）。③大梁、圈梁、阳台、楼板（包括建筑构件）、从楼梯平台以上到大梁以下的框架柱施工。④在墙体砌筑过程中，穿插楼梯上半部分的部分和墙梁混凝土浇筑。

在进行墙体砌筑时，如果某一部分墙体高度超过 4 m，将在门洞上方建立墙梁（用墙梁代替梁）。在构造柱施工过程中，需充分考虑构造柱是否与其他结构有关联，特别是与楼梯、墙梁等相关部位，必须按设计要求预留插筋。

大梁和楼板施工，净跨度大于 4 m 时，大梁和楼板的模板要预留拱度，钢模板起拱高度为净跨度的 1/1 000~2/1 000。

模板及脚手架钢管水平运输采用自卸车及人工运输；垂直运输采用

安置在桥头堡两端的 TC4208 型塔吊，人工配合、辅助进行。

二、脚手架工程

（一）脚手架形式

1. 桥头堡脚手架

桥头堡的施工中，搭设双排脚手架，其中里脚手架采用满堂脚手架，与桥头堡连墙杆件相连。每层桥头堡的结构形式根据其布局进行搭设。

在框架柱、框架梁和楼板浇筑完成后，除了保留的外脚手架连杆件与砌墙脚手架外，其他脚手架应予以拆除。

2. 工作桥脚手架

在施工工作桥时，会搭设满堂脚手架。同时，在公路桥的人行道上会加设两排脚手架，用以连接工作桥的脚手架系统。

3. 启闭机房脚手架

启闭机房上下游侧设双排外脚手架，脚手架从工作桥外脚手架向上延伸继续搭设，外脚手架用连墙杆件与启闭机房里脚手架连接。

桥头堡每层的里脚手架为满堂脚手架，脚手架搭设时考虑大梁位置和启闭机位置。框架柱、梁、屋顶板浇筑后，除留下的外脚手架连杆件与砌墙脚手架，应拆除其他脚手架。

（二）脚手架施工

1. 脚手架材料运输

桥头堡、工作桥、启闭机房均属上部结构，所有脚手架材料通过公路桥作道路，水平运输设备选用 10 t 自卸车、3 t 自卸车及架子车，垂直运输设备选用塔机，脚手架运输时，人工辅助进行。

2. 脚手架施工参数

桥头堡脚手架。外脚手架的立柱排距为 1.2 m，立柱柱距为 1.3 m，步距为 1.5 m。

浇筑框架柱、框架梁、楼板时，桥头堡每层的里脚手架立柱排距为 1.2~1.4 m，立柱柱距为 1.2~1.4 m，步距为 1.5 m。

桥头堡外脚手架的每个侧面两端设剪刀撑，剪刀撑的斜杆与水平面的交角在45°～60°之间。里脚手架按每2倍的立柱柱距设置一道斜撑，斜杆与水平面的交角为45°。

工作桥脚手架。工作桥脚手架搭设时，充分利用中跨检修桥板下有胸墙的特点，在搭设横向斜撑时，将斜撑支固在中跨检修桥板上，以减小中跨两边脚手架的荷载；沿纵距方向，每排立杆搭设一道斜撑，斜杆与水平面的交角为45°。每一跨上下游侧的脚手架均搭设剪刀撑，利用闸墩荷载能力强的优势，将剪刀撑支撑在闸墩上，剪刀撑中心距为4.6 m，剪刀撑的斜杆与水平面的交角为45°。

启闭机房脚手架。外脚手架的立柱排距为1.2 m，立柱柱距为1 m，步距为1.6 m。里脚手架立柱排距为1.0～1.4 m，立柱柱距为1.2 m，步距为1.5 m。

启闭机房外脚手架的外侧面按4.8 m中心距设剪刀撑，剪刀撑的斜杆与水平面的交角在45°～60°之间。里脚手架按每2倍的立柱柱距设置一道斜撑，斜杆与水平面的交角为45°。

杆件连接。A外脚手架连墙点的竖向间距应小于4 m，横向间距应小于4.5 m。剪刀撑、斜撑与脚手架基本构架连接牢固。

B立柱接头除顶层可以采用搭接外，其余各接头均采用对接扣件连接；纵向水平杆的接头采用对接扣件连接；横向水平杆与纵向水平杆用直角扣件连接；剪刀撑（斜撑）的斜杆与立柱或纵向水平杆用旋转扣件连接。C立柱的搭接、对接应符合下列要求：搭接长度不小于1 m，不少于2个旋转构件固定，杆件在结扎处的端头伸出长度不小于0.1 m。

立柱上的对接扣件交错布置，两根相邻立柱扣件尽量错开一步，其错开的垂直距离不小于500 mm。对接扣件尽量靠近中心节点，其偏离中心的距离应小于步距的1/3。

（三）安全网挂设

1.密度网挂设

考虑到桥头堡和启闭机房靠近公路桥侧人员行动较多，在桥头堡和启闭机房沿河侧外脚手架外侧满挂密度网，密度网挂设随作业高度的上升而上升。

2. 安全网

在桥头堡和启闭机房的施工过程中，需要在桥头堡的四周和启闭机房的外侧搭设外脚手架。这些外脚手架的外侧必须挂设安全网，安全网与杆件之间用尼龙绳绑扎固定。支撑安全网的斜杆间距应与安全网所在部位的外脚手架立柱间距相同。

（四）脚手架拆除

1. 桥头堡主体建筑过程中的里脚手架拆除

在桥头堡主体建筑过程中，每层的里脚手架随着框架梁、楼板的浇筑完成开始拆除（留下必需的砌筑脚手架），拆除后的脚手架通过楼梯空间向上层转移。

2. 工作桥脚手架拆除

工作桥砼浇筑完成后，必须将所有脚手架除启闭机房外的部分拆除。工作桥脚手架拆除时，工作桥大梁砼的抗压强度必须达到设计抗压强度的 75% 以上（以同等养护条件下的砼试块，经砼抗压强度试验为依据）。

3. 装修脚手架拆除

外装修脚手架拆除。随着外装修从上向下逐步完成，外脚手架也应从上至下逐步拆除。桥头堡的外脚手架可以根据各面的外装修情况逐面拆除。启闭机房的外脚手架则可根据外装修逐段进行，随着每段外装修完成，相应部分的外脚手架逐段拆除。在拆除外脚手架时，应同时拆除相应部位的密度网。

内装修脚手架拆除。桥头堡从上至下逐层内装修完成后，将该层的脚手架拆除后通过楼梯空放到桥头堡一层，再用人工和手推车相配合的方法将脚手架配件运出。

三、砼浇筑

（一）砼施工范围

砼浇筑主要有框架柱、构造柱、楼板、楼梯、墙梁、大梁、圈梁、阳台等。

（二）振捣设备选择

框架柱、构造柱、楼梯、墙梁、大梁、圈梁、阳台砼振捣设备采用振捣棒；楼板砼振捣设备采用平板振捣器；其他一些薄壁（板）结构砼密实采用人工插捣密实。

（三）砼浇筑要点

楼梯的每一层需要分两次进行浇筑。首先，从楼板表面开始，浇筑至楼梯顶部平台上方的三个阶梯区域，并同时将楼梯底部的框架柱和构造柱一同浇筑；待楼板完全浇筑后，再将混凝土浇筑至该楼梯顶部平台以上的三个阶段。

每一层的大梁底部以下的框架柱需一次性完成浇筑。与楼梯相连接的框架柱在每层分两个阶段进行浇筑：首先是楼梯平台下方，然后是从楼梯平台上到大梁底部的区域。同时，楼板、大梁、圈梁和阳台等部位也需同时进行施工。

每层的构造柱分段浇筑，每次浇筑高度不超过 2 m；每层的楼梯构造柱分两次浇筑，第一次浇筑楼梯平台以下部分，楼梯平台以上至大梁（圈梁）以下部分连同楼板、大梁、圈梁、阳台一同浇筑。

每层的楼板及每层的大梁、圈梁、阳台（拦板除外）一次浇筑完成。各部位砼浇筑前，将预埋件安装好，将预留孔口留出。

四、墙体砌筑

桥头堡墙体采用 MU10 机制砖，混合砂浆砌筑。

（一）砌砖前准备

砖的边角应保持整齐，色泽均匀。在砌筑前，需提前 1 ~ 2 d 将待砌筑的砖浇水湿润。开始砌筑前，清理砌筑部位，放出墙身的中心线和边线，并进行洒水湿润。

在砌筑砖墙时，需在墙的两侧竖立皮数杆，然后在皮数杆之间拉准线。依据准线，逐层砌筑砖块。第一层砖块需按照墙身边线进行砌筑。

（二）砌砖

砖墙的施工采用一顺一丁砌筑形式，并且铺浆法进行。在铺浆法砌筑时，每次铺浆的长度不应超过 75 cm。

水平灰缝和竖向灰缝的宽度应该是 10 mm，但不得少于 8 mm，也不得超过 12 mm。水平灰缝的砂浆应保持饱满度不低于 80%。竖向灰缝采用加浆法进行，严禁出现透明的灰缝，严禁使用水冲浆灌缝的方法。

在砖墙的转角处，每一层砌砖时的外角需加砌七分头砖，七分头砖的顺面依次砌顺砖，丁面依次砌丁砖。在砖墙的丁字交接处，横墙的端头隔皮加砌七分头砖，纵墙的隔皮则砌通，七分头砖的丁面依次砌丁砖。

每层承重墙的最顶层砖块采用整砖丁砌。在梁下方或挑檐等位置也需采用整砖丁砌的方法。砖墙的转角和交接处应同时进行砌筑。如果不能同时砌筑而必须留搓时，搓成斜搓，其长度不小于斜搓高度的 2/3。在构造柱部位需留直搓，直搓必须做成凸楼，并设置拉结钢筋。每半砖厚墙应放置 1 根直径为 6 mm 的钢筋，间距沿墙高度不超过 500 mm，埋入长度从墙的留搓处算起，每边不少于 500 mm。钢筋末端有 90 度弯勾。

构造柱（框架柱）与砖墙沿高每隔 500 mm 设置 2 根直径 6 mm 的水平拉结钢筋，拉结钢筋两端伸入墙内不少于 1 m。拉结钢筋穿过构造柱（框架柱）与受力钢筋绑牢。当墙上门窗洞边到构造柱（框架柱）边的长度小于 1 m 时，拉结钢筋伸到洞口边为止。

考虑到未来抹墙、做地面等施工需求，在每层桥头堡靠近堤坝侧的窗户下留有临时豁口。在补砌临时豁口时，需将周围砖块表面清理干净，并浇水湿润，然后用砂浆密实地补砌。

砖墙工作段的分段位置设在构造柱、门窗洞口处，相邻工作段的砌筑高度差不超过一个楼层的高度，同时也不超过 4 m。临时断处的砖墙高度差不超过一个脚手架步距的高度。每天的砌筑高度不超过 1.8 m。

以下部位不得留脚手眼：在过梁上，按净跨的 1/2 高度范围内的墙体；窗间墙的宽度小于 1 m；在梁或梁垫下及其左右 500 mm 范围内的墙体；门窗洞口两侧 200 mm 以及转角处 450 mm 范围内的墙体。墙体与圈梁连接处应用混合砂浆填塞并密实。

第三章　水利工程管道施工

第一节　水利工程常用管道

随着经济的快速发展，水利工程建设进入了高速发展阶段。许多项目中，管道工程占据了很大比例。因此，合理的管道设计不仅能满足工程的实际需求，还能有效地控制投资成本。目前，管材的类型趋于多样化，主要包括铸铁管、钢管、玻璃钢管、塑料管（如 PVC-U 管、PE 管）以及钢筋混凝土管等。

一、铸铁管

铸铁管具有较高的机械强度及承压能力，有较强的耐腐蚀性，接口方便，易于施工。其缺点在于不能承受较大的动荷载及质脆。按制造材料分为普通灰口铸铁管和球墨铸铁管，较为常用的为球墨铸铁管。

无论是球墨铸铁还是普通的铸铁都包含了石墨单体，这意味着它们是由铁与石墨共同构成的。然而，在普通铸铁内，石墨是以硬度较低的片状形式出现的，这就相当于铸铁内部充满了大量的片状孔洞，从而导致它的抗压能力相对较弱且易碎。而在球墨铸铁中，石墨呈现出球形分布，就好像铸铁内部充斥着大量球形的空腔。相比之下，球状空腔对于铸铁强度的提升作用要小于片状空腔，故而球墨铸铁的强度相较于普通铸铁有显著提高，而且其表现特性更类似于中等碳含量钢材，但是成本却远远低于钢铁产品。

球墨铸铁管是在铸造铁水经添加球化剂后，经过离心机高速离心铸造成的低压力管材，一般应用管材直径可达 3 000 mm。其机械性能得到了较好的改善，具有铁的本质、钢的性能。防腐性能优异、延展性能好，安装简易，主要用于输水、输气、输油等。

目前我国具备一定生产规模的球墨铸铁管生产厂家通常都拥有专业化的生产线，产品数量充足且质量性能稳定。球墨铸铁管具有良好的刚度、耐腐蚀性和较长的使用寿命，能够承受较高的压力。采用"T"形橡胶接口时，其柔性好，对地基的适应性强，现场施工方便，对施工条件的要求不高。其唯一的缺点是价格较高。

（一）球墨铸铁管分类

按其制造方法不同，可分为砂型离心承插直管、连续铸铁直管及砂型铁管。

按其所用的材质不同，可分为灰口铁管、球墨铸铁管及高硅铁管。铸铁管多用于给水、排水和煤气等管道工程。

1. 给水铸铁管

砂型离心铸铁直管：砂型离心铸铁直管的材质为灰口铸铁，适用于水及煤气等压力流体的输送。

连续铸铁直管：连续铸铁直管即连续铸造的灰口铸铁管，适用于水及煤气等压力流体的输送。

2. 排水铸铁管

普通排水铸铁承插管及管件和柔性抗震接口排水铸铁直管在排水系统中有广泛应用。这类铸铁管采用橡胶圈密封和螺栓紧固，在内部水压作用下，具有良好的挠曲性和伸缩性。它们能够适应较大的轴向位移和横向曲挠变形，特别适用于高层建筑的室内排水系统，对地震区尤为适合。

（二）接口形式

承插式铸铁管刚性接口的抗应变性能较差，受外力作用时，无塔供水设备的接口填料容易碎裂并导致渗水，特别是在弱地基、沉降不均匀地区和地震区，接口的破坏率较高。因此，应尽量采用柔性接口。

目前，常用的柔性接口形式包括滑入式橡胶圈接口、"R"形橡胶圈接口、柔性机械式接口"A"形以及柔性机械式接口"K"形。

机械式接口具有良好的密封性能，试验表明在内水压力达到 2 MPa 时无渗漏现象，并且在轴向位移和折角等指标上表现出色，但其成本较高。

二、钢管

钢管是一种常用的管道，其优点包括管径可根据需要加工、承受高压力、耐振动、管壁薄且重量轻、管节长而接口少、接口形式灵活、单位管长重量轻、渗漏少、节省管件，适合穿越复杂地形、可现场焊接以及运输方便等。钢管通常用于管径要求大、承受水压力高的管段，以及穿越铁路、河谷和地震区的管段。其缺点是容易锈蚀，影响使用寿命，且价格较高，因此需要进行严格的防腐绝缘处理。

三、玻璃钢管

玻璃钢管，也称玻璃纤维缠绕夹砂管（RPM管），主要以玻璃纤维及其制品为增强材料，以不饱和聚酯树脂、环氧树脂等高分子材料为基材，并添加石英砂和碳酸钙等无机非金属颗粒材料作为填料。管道的标准有效长度为6 m和12 m，其制作方法包括定长缠绕工艺、离心浇铸工艺和连续缠绕工艺三种。目前，玻璃钢管已在水利工程的多个领域中得到应用，如长距离输水、城市供水和污水输送等。玻璃钢管是近年来在我国兴起的新型管道材料，具有以下优点：①管道糙率低。一般按 n=0.008 4 计算时，其选用管径较球墨铸铁管或钢管小一级，可降低工程造价。②管道自重轻，运输方便，施工强度低。③材质卫生，对水质无污染。④耐腐蚀性能好，适用于各种复杂环境中的应用。然而，玻璃钢管也有一些缺点：①承受外压能力差。②对施工技术要求较高，生产过程中的人工因素较多。③管件、三通、弯头的生产必须有严格的质量保证措施。

玻璃钢管特点为：①耐腐蚀性好，对水质无影响。玻璃钢管道能抵抗酸、碱、盐、海水、未经处理的污水、腐蚀性土壤或地下水及众多化学流体的侵蚀。比传统管材的使用寿命长，其设计使用寿命一般为50年以上。②耐热性、抗冻性好。在 -30℃状态下，仍具有良好的韧性和极高的强度，可在 -50 ~ 80℃的范围内长期使用。③自重轻、强度高，运输安装方便。采用纤维缠绕生产的夹砂玻璃钢管道，其比重在 1.65 ~ 2.0，环向拉伸强度为180M ~ 300 MPa，轴向拉伸强度为60M ~ 150 MPa。④摩擦阻力小，输水水头损失小。内壁光滑，糙率和摩阻力很小。糙率系数可达 0.008 4，能显著减少沿程的流体压力损失，提高输水能力。耐磨性好。

四、塑料管

塑料管一般是以塑料树脂为原料，加入稳定剂、润滑剂等经熔融而成的制品。由于它具有质轻、耐腐蚀、外形美观、无不良气味、加工容易、施工方便等特点，在建筑工程中获得了越来越广泛的应用。

（一）塑料管材特性

塑料管的主要优点是具有表面光滑、输送流体阻力小，耐蚀性能好、质量轻、成型方便、加工容易，缺点是强度较低，耐热性差。

（二）塑料管材分类

塑料管有热塑性塑料管和热固性塑料管两大类。热塑性塑料管采用的主要树脂有聚氯乙烯树脂（PVC）、聚乙烯树脂（PE）、聚丙烯树脂（PP）、聚苯乙烯树脂（PS）、丙烯腈－丁二烯－苯乙烯树脂（ABS）、聚丁烯树脂（PB）等；热固性塑料采用的主要树脂有不饱和聚酯树脂、环氧树脂、呋喃树脂、酚醛树脂等。

五、混凝土管

混凝土管分为素混凝土管、普通钢筋混凝土管、自应力钢筋混凝土管和预应力混凝土管四类。按混凝土管内径的不同，可分为小直径管（内径 400 mm 以下）、中直径管（400～1 400 mm）和大直径管（1 400 mm 以上）。按管子承受水压能力的不同，可分为低压管和压力管，压力管的工作压力一般有 0.4、0.6、0.8、1.0、1.2 MPa 等。混凝土管与钢管比较、按管子接头形式的不同，又可分为平口式管、承插式管和企口式管。其接口形式有水泥砂浆抹带接口、钢丝网水泥砂浆抹带接口、水泥砂浆承插和橡胶圈承插等。

成型方法包括离心法、振动法、滚压法、真空作业法以及离心、滚压和振动联合作用的方法。预应力管采用纵向和环向预应力钢筋，因而具备较高的抗裂和抗渗能力。20 世纪 80 年代,中国及其他一些国家发展了自应力钢筋混凝土管，其主要特点是利用自应力水泥在硬化过程中的膨胀作用产生预应力，从而简化了制造工艺。相比钢管，混凝土管能够大幅节约钢材，延长使用寿命，并且建厂投资较少，铺设安装便捷，已广泛应用于工厂、矿山、油田、港口、城市建设和农田水利工程。

混凝土管的优点包括良好的抗渗性和耐久性，不会腐蚀和腐烂，且内壁不结垢；其缺点是质地较脆，易受碰损，铺设时要求沟底平整，并需设置管道基础及管座。因此，混凝土管常用于大型水利工程。

预应力钢筒混凝土管（PCCP）由带钢筒的高强混凝土管芯缠绕预应力钢丝，再喷涂水泥砂浆保护层构成。其钢制承插口与钢筒焊接在一起，通过承插口上的凹槽与胶圈形成滑动式柔性接头。这种复合型管材由钢板、混凝土、高强钢丝和水泥砂浆组合而成，主要有内衬式和嵌置式两种形式。PCCP 在水利工程中应用广泛，如跨区域输水、农业灌溉和污水排放等。

近年来，预应力钢筒混凝土管（PCCP）在我国逐渐得到推广应用。这种新型管道材料具有强度高、抗渗性好、耐久性强和无需防腐等优点，且价格相对较低。其缺点是自重大，导致运输费用较高，管件需要采用钢制。在大规模使用时，可以在工程附近建厂加工制作，减少长途运输环节，缩短工期。

PCCP 管道的特点包括能够承受较高的内外荷载、安装方便、适应各种地质条件下的施工、使用寿命长以及运行和维护费用低。

PCCP 管道工程的设计、制造、运输和安装难点主要集中在管道连接处。管件连接的关键部位包括顶管两端连接、穿越交叉构筑物及河流等竖向折弯处、管道控制阀、流量计、入流或分流叉管以及排气检修设施两端。

第二节　管道开槽法施工

一、沟槽的形式

为了保证工程品质与安全，同时兼顾减少土方量、土地占用以及成本效益原则，需要对沟槽挖掘区域的地质状况和地下水位进行详细了解。在综合考虑管道尺寸、埋深、施工季节以及地下建筑设施的位置信息后，根据实际施工环境和沟槽周围的地基条件，选择合适的挖掘方式，并精确设定沟槽挖掘的截面积。常见的沟槽切割形状包括直线型、阶梯式和复合式等；如果存在多个管道共用同一通道的情况，还需要采用连通式的沟槽设计。

（一）直槽

即槽帮边坡基本为直坡（边坡小于 0.05 的开挖断面）。直槽一般都用于地质情况好、工期短、深度较浅的小管径工程，如地下水位低于槽底，直槽深度不超过 1.5 m 的情况。在地下水位以下采用直槽时则需考虑支撑。

（二）梯形槽（大开槽）

当挖掘区域具有一定的斜度并且需要形成倾斜的切割平面时，通常不需要使用支架来固定边缘。如果挖掘深度低于地下水位，常采用手动降水的方法，以免需要支架支撑。在土质较好（如黏土、亚黏土）的情况下，即使槽底低于地下水位，也可以在槽底挖成排水沟，进行表面排水，以确保槽壁土壤的稳定。大开槽断面是一种常见的挖掘形式，特别适用于机械开挖的施工方法。

（三）混合槽

即由直槽与大开槽组合而成的多层开挖断面，较深的沟槽宜采用此种混合槽分层开挖断面。混合槽一般多为深槽施工。采取混合槽施工时上部槽尽可能采用机械施工开挖，下部槽的开挖常需同时考虑采用排水及支撑的施工措施。

挖掘沟渠时，为了避免地面的水分侵蚀斜坡并导致坍塌与对基石的损害，需要设置适当的排水的设施。针对大型的井室基槽的挖掘，首先需通过精确的测量和标记位置，确保水平线的准确放置，然后按照所划定的范围逐级挖掘土壤。之后还需根据土质和水文情况，在四侧或两侧直立开挖和放坡，以保证施工操作安全。放坡后基槽上口宽度由基础底面宽度及边坡坡度来决定，坑底宽度应根据管材、管外径和接口方式等确定，以便于施工操作。

二、开挖方法

沟槽开挖有人工开挖和机械开挖两种施工方法。

（一）人工开挖

在小管径、土方量少、施工现场狭窄、地下障碍物多或不易使用机械挖掘时，需要采用人工挖土的方法。人工挖土通常使用铁锹、镐等工具，主要工序包括放线、开挖、修坡和清底等步骤。沟槽的开挖需按照设计的开挖断面确定中心到槽口边线的距离，并根据此线在施工现场放置开挖边线。对于深度在 2 m 以内的沟槽，通常采用人工挖土，并将挖出的土与沟槽内部出土结合进行处理。对于较深的沟槽，建议采用分层开挖，每层开挖深度一般控制在 2 ~ 3 m，并在层与层之间留置台阶，以便人工倒土和出土。在开挖过程中，应控制开挖断面以形成符合规定坡度的槽帮边坡，使用坡度尺进行检验，确保边坡不出现亏损或鼓胀现象，并保证表面平顺。

槽底土壤严禁扰动。当挖掘到靠近槽底的位置时，需要增强测量的精确度并确保清理干净，避免过度挖掘。如果发生超挖，应按规定要求进行回填，槽底应保持平整，槽底高程及槽底中心每侧宽度均应符合设计要求，同时满足土方槽底高程偏差不大于 ±20 mm，石方槽底高程偏差 –200 ~ –20 mm。

沟槽开挖时应注意施工安全，操作人员应有足够的安全施工工作面，防止铁锹、镐碰伤。槽帮上如有石块碎砖应清走。原沟槽每隔 50 m 设一座梯子，上下沟槽应走梯子。在槽下作业的工人应戴安全帽。当在深沟内挖土清底时，沟上要有专人监护，注意沟壁的完好，确保作业的安全，防止沟壁塌方伤人。每日上下班前，应检查沟槽有无裂缝、坍塌等现象。

（二）机械开挖

目前常用的挖土机械包括推土机、单斗挖掘机和装载机等。机械挖土的优点是效率高、作业速度快、能够缩短工期。为了充分发挥机械施工的优势，提高机械利用率并确保安全生产，施工前的准备工作必须做到详细，并且需合理选择施工机械。在沟槽（基坑）的开挖过程中，通常采用机械开挖，配合人工清理底部的施工方法。

　　机械挖槽时，应保证槽底土壤不被扰动和破坏。一般情况下，机械不可能准确地将槽底按规定高程整平，设计槽底以上宜留 20～30 cm 不挖，而用人工清挖的施工方法。

　　在使用机械挖掘技术时，必须向司机提供详细的信息和指导。这些信息通常包括挖掘区域的尺寸（深度、沟壁的倾斜角度和宽度）、填土位置、电力线距离、地下电缆设施以及工程的具体要求等细节。在确认了安全生产措施并与机械操作人员协商后，方可开始施工。司机进入施工现场时，应听从现场指挥人员的指导。对于涉及机械操作和人员安全的情况，应及时提出意见并与相关人员合作解决，以确保施工过程的安全性。

　　为了确保挖掘作业的质量、数量和安全，需要指派专门的人员与驾驶员协同工作。其他协助者需要了解并熟练掌握机械挖土的安全操作规范，了解沟渠开挖的截面积、计算挖掘深度，并实时监测坑底的高度和宽度，以避免过深或不足的情况，并持续观察是否存在裂缝或坍塌的风险。他们还需要时刻关注设备的工作安全状况。在挖掘前，司机释放喇叭信号后，其他人员应离开工作区，确保施工现场的安全。工作结束后，要指导机械开到安全地带，同时注意上空线路和行车安全。

　　对于需要与设备协同工作的助手，如清理底部、整平地面和修复斜坡的人员，他们应该远离设备的旋转范围外进行操作。如果确实需要在该范围内操作，如移动石头等任务，必须等到设备停止运转后方可进入。无论是设备上方还是下方的工作人员，都必须密切合作，并且绝对不能在设备的旋转范围内有人存在时启动设备。

　　在进行地下电缆附近的操作时，必须事先确定其走向并设置明显的标识。使用挖掘机进行土壤开挖时，应严格控制在距离电缆 1 m 以外的区域进行工作。同样，对于其他各种管线也需要清楚了解其走向，挖掘断面应与管道保持一定距离，通常最佳范围是 0.5～1 m。

对于人工挖掘或机械开挖的管道沟渠，其底部高度必须根据设计的管道深度来确定。为了确保在建设过程中沟槽底部不受到搅动、水分侵入、冷冻或污染的影响，需要严格遵守相关的规范和要求。当无地下水时，挖至规定标高以上 5～10 cm 即可停挖；当有地下水时，则挖至规定标高以上 10～15 cm，待下管前清底。

在挖掘过程中，不能超出规定高程，对于局部超挖应认真进行人工处理。当超挖在 15 cm 之内又无地下水时，可用原状土回填夯实，其密实度不应低于 95%；当沟底有地下水或沟底土层含水量较大时，可用砂夹石回填。

三、下管

下管方法有人工下管法和机械下管法。应根据管子的重量和工程量的大小、施工环境、沟槽断面、工期要求及设备供应等情况综合考虑确定。

（一）人工下管法

人工下管应以施工方便和操作安全为原则，考虑工人的操作熟练程度、管子的重量和长度、施工条件以及沟槽的深浅等因素综合进行。这种方法适用于以下情况：管径较小、自重较轻；施工现场狭窄，难以进行机械操作；工程量较少，同时机械设备供应存在困难。

1. 贯绳下管法

适用于管径小于 30 cm 以下的混凝土管、缸瓦管。用带铁钩的粗白棕绳，由管内穿出钩住管头，然后一边用人工控制白棕绳，一边滚管，将管子缓慢送入沟槽内。

2. 压绳下管法

压绳下管法是人工下管法中最常用的一种方法。适用于中、小型管子，方法灵活，可作为分散下管法。具体操作是在沟槽上边打入两根撬棍、分别套住一根下管大绳，绳子一端用脚踩牢，用手拉住绳子另一端，听从一人号令，徐徐放松绳子，直至将管子放至沟槽底部。当管子自重大，一根撬棍的摩擦力不能克服管子自重时，两边可各自多打入一根撬棍、以增大绳的摩擦阻力。

3. 集中压绳下管法

这种方法适用于较大管径的下管作业，即从固定位置将管子放入沟槽，然后在沟槽内将管子运至稳定的位置。具体步骤包括将管子的一半长度埋入地下，然后在管子周围填土，再用两根大绳（通常绕一圈）绕在管子上。一端固定绳子，另一端由人工操作，通过控制绳子与管子之间的摩擦力来控制下管的速度。在操作过程中，需要确保两侧放置绳子均匀，以防止管子倾斜。

4. 搭架法（吊链下管）

常用的方法有三脚架和四脚架法，利用架子安装吊链来起吊管子。具体操作过程如下：首先在沟槽上铺设方木，将管子滚动到方木上。然后使用吊链将管子吊起，撤走原先的方木，通过控制吊链使管子缓慢地下降到沟底。用于下管操作的大绳应该具备坚固耐用、不易断裂、不容易腐烂以及没有内部夹心的特性。

（二）机械下管法

机械下管具有速度快、安全性高的优点，能够减轻工人的劳动强度。在条件允许的情况下，应尽可能采用机械下管法。其适用范围包括：①管径大、自重大；②沟槽深、工程量大；③施工现场便于机械操作。

机械下管通常沿沟槽移动，因此沟槽开挖时应将土堆置于一侧，另一侧作为机械的工作面、运输道路和管材堆放场地。管材应堆放在机械臂长范围内，以减少二次搬运。

机械下管根据管子重量选择合适的起重机械，常用的有汽车起重机和履带式起重机。采用机械下管时，应设专人统一指挥。机械下管时不应只使用一个吊点，采用两点起吊时应找好重心，平吊轻放。各点绳索所受的重力与管子的自重和吊绳的夹角有关。

起重机禁止在斜坡处吊着管子回转。轮胎式起重机作业前应将支腿撑好，轮胎不应承担起吊的重量。支腿距离沟边应有至少 2.0 m 的距离，必要时应垫上木板。在起吊作业区域内，禁止无关人员停留或通过。严禁任何人在吊钩和被吊起的重物下通过或站立。起吊作业不得在带电的架空线路下进行，在架空线路同侧作业时，起重机臂杆应与架空线保持一定的安全距离。

四、稳管

稳管是将每节符合质量要求的管子按照设计的平面设置和高程稳在地基或基础上。稳管包括管子对中和对高程两个环节，两者同时进行。

（一）管轴线位置的控制

对管道轴线的管理是确保安装的管道满足设计定位要求的重要步骤。这个过程包括由测量员将管道的中点固定到斜面板上，然后在管道稳定后，操作者会用斜面板上的中点悬挂一条细线，这条细线代表管道的轴向位置。具体稳定管道的方法可以分为中央线法和边缘线法。

1. 中心线法

在中心线上悬挂一垂球，并在管内放置一块带有中心刻度的水平尺。当垂球线穿过水平尺的中心刻度时，表示管子已经对中。如果垂球线偏离水平尺的中心刻度向左，则表明管子向右偏离中心线相同的距离。此时需要调整管子的位置，直至其居中。

2. 边线法

在管子的一侧钉上一排边桩，其高度接近管道中心。在每个边桩上钉一小钉，使其位置与中心垂线保持固定距离。稳管时，将边线挂在边桩上的小钉上，这样边线与中心垂线之间的距离始终一致。在进行稳管操作时，确保管道外皮与边线保持相同的间距，这表明管道中心处于设计轴线位置。边线法稳管操作简单，应用广泛。

（二）管内底高程控制

沟槽开挖接近设计标高，由测量人员埋设坡度板，坡度板上标出桩号、高程和中心钉，坡度板埋设间距，排水管道一般为 10 m，给水管道一般为 15～20 m。管道平面及纵向折点和附属构筑物处，根据需要增设坡度板。

相邻两块坡度板的高程钉至管内底的垂直距离保持恒定，则这两个高程钉的连线坡度与管内底坡度平行，该连线称为坡度线。坡度线上任何一点到管内底的垂直距离为一常数，称为下反数，稳管时，用一木制丁字形高程尺，上面标出下反数刻度，将高程尺垂直放在管内底中心位置，调整管子高程，使高程尺下反数的刻度与坡度线相重合，则表明管内底高程正确。

在进行管道稳固工作时，可以根据管径的大小，由 2 人或 4 人同时协作操作。安装完成后，再用石块加固管道。

五、沟槽回填

管道通常采用沟槽埋设，回填土与沟壁原土不能形成结构整体，因此回填土对管顶施加压力。压力管道通常不设人工基础，要求回填土密实度高，但实际达标并不容易。因此，管道在安装和介质输送初期常处于不稳定的沉降状态。

对土壤而言，这种沉降通常可分为三个阶段，第一阶段是逐步压缩，使受扰动的沟底土壤受压；第二阶段是土壤在它弹性限度内的沉降；第三阶段是土壤受压超过其弹性限度的压实性沉降。

管道施工的工序中，管道的沉降可以分为五个过程：①管道放入沟内时，由于管材自重使沟底表层土壤压缩，导致管道发生第一次沉降。如果在管子放入前未挖掘接头坑，此时管道口径较小且沟底土壤密实，主要接触点在承口部位。②开挖接头坑会改变管身与土壤接触或接触面积，引起第二次沉降。③管道灌满水后，由于管道重量变化，引起第三次沉降。④管沟回填土后，同样会引起第四次沉降。⑤整个沉降过程不会因沟槽内土的回填而终止，还会经历一个较长时期的缓慢沉降，即第五次沉降。

管道的沉降是管道垂直方向的位移，是由管底土壤受力后变形所致，不一定是管道基础的破坏。沉降的快慢及沉降量的大小，随着土壤的承载力、管道作用于沟底土壤的压力、管道和土壤接触面形状的变化而变化。

如果地下土壤性质发生变化，管道接头和周围填充物可能会变得松散，这可能导致管道不均匀下沉，使接头处的压力集中，增加漏水风险。这种泄漏问题会损害管道基础，加速水分与土壤的流失，进一步加剧管道的不均匀下沉，最终可能导致更严重的损坏。因此，对管道沟渠的填埋工作尤为关键，特别是对胸部土地（即管道周围的土壤）进行填埋。这样做可以防止由于压力集中导致的管道形状变化或断裂。

第三节　管道不开槽法施工

一、掘进顶管法

（一）人工取土顶管法

人工取土顶管法需要在管道内部进行挖掘，然后利用顶进设备按照设计的中心线和高程标准将管道顶入地下，同时使用小车将挖出的土从管道内运出。这种方法适用于管径大于 800 mm 的管道顶进工程，并在实际应用中得到广泛采用。

1. 顶管施工的准备工作

在顶管挖掘中，工作坑是主要的工作区域，必须提供充足的空间和工作场地，以确保能够放置管道、设置推进装置，并保持适当的操作距离。在实施工作之前，需要确定工作坑的具体位置和大小，并对顶管后的支撑结构进行检查。后背可以分为浅覆土后背和深覆土后背，具体的计算方法可以根据挡土墙的设计原则来确定。在顶管过程中，必须避免破坏后背并造成不允许的压缩变形。

选择工作坑位置应考虑以下因素：①根据管道的设计方案，工作坑可以选择在检查井附近，方便排水管道的设置。在采用单一推进方式时，工作坑应置于管道的下游一侧，以便更好地排放污水。②考虑地形和土质情况，选择可以利用的原土后背。③工作坑与被穿越的建筑物之间必须保持一定的安全距离，同时距离水源、电源等地方也要考虑安全因素。

2. 挖土与运土

管前挖土是确保顶部工程质量和地面建筑安全的重要步骤，其挖掘方向和形状直接影响顶部管道位置的精准度。由于管道在顶进过程中沿着预先挖好的土壤壁线前进，因此需要严格监控管道前方超出挖掘的情况。

通常情况下，挖掘前的沟槽深度等同于千斤顶的镐头伸展距离，如果地基条件良好，可以适当增加 0.5 m 的前置量。超挖过大，土壁开挖形状就不易控制，易引起管位偏差和上方土坍塌。在松软土层中顶进时，应采取管顶上部土壤加固或管前安设管檐，操作人员在其内挖土，防止坍塌伤人。

管前挖出土应及时外运。管径较大时，可用双轮手推车推运。管径较小应采用双筒卷扬机牵引四轮小车出土。

3. 顶进

顶进是在保持后方稳定的前提下，通过使用千斤顶推动管道向前移动的过程。具体步骤如下：①确保顶铁固定，预先挖掘管道前部到所需的长度。②启动液压泵，使千斤顶充满压力并开始推动管道，使得千斤顶活塞延伸到一定位置，从而推动管道向前移动一段距离。③关闭液压泵，打开控制阀门，使千斤顶恢复正常状态。④调整顶铁位置，重复以上步骤，直至安装下一段管道为止。⑤卸下顶铁，下管，在混凝土管接口处放一圈麻绳，以保证接口缝隙和受力均匀。⑥在管内口处安装一个内涨圈，作为临时性加固措施，防止顶进纠偏时错口，涨圈直径小于管内径 5~8 cm，空隙用木楔背紧，涨圈用 7~8 mm 厚钢板焊制，宽 200~300 mm。⑦重新装好顶铁，重复上述操作。

应注意，在顶进过程中，要做好顶管测量及误差校正工作。

（二）机械取土顶管法

机械取土顶管与人工取土顶管除了掘进和管内运土不同外，其余部分大致相同。机械取土顶管是在被顶进管子前端安装机械钻进的挖土设备，配上皮带运土，可代替人工挖、运土。

二、盾构法

盾构是用于地下不开槽法施工时进行地层开挖及衬砌拼装时起支护作用的施工设备，基本构造由开挖系统、推进系统和衬砌拼装系统三个部分组成。

（一）施工准备

在开始盾构作业之前，必须对施工场地进行详尽考察，根据设计图纸和相关文件深入了解地面和地下的阻碍物、地理环境、土壤性质、地下水位及实际情况等因素。基于这些调查结果，制定盾构工程的详细实施计划。盾构施工的准备工作还包括测量定线、预制衬块、组装盾构机械、降低地下水位、加固土层以及开挖工作坑等。

（二）盾构工作坑及始顶

在进行盾构施工时，应该预设一个工作坑，作为盾构的开始、中间和结束井。

在初始阶段，工作坑必须满足盾构及推进设备的空间要求。为了防止坍塌，工作坑周围需要设置支柱或使用沉井或连续墙来增强稳定性。同时，确保在顶进设备后面有一个稳固的支撑点。盾构机从工作坑推进到完全插入土壤的部分，是通过外部的千斤顶推动的，这类似于顶管技术。一旦盾构机已深入地下，需要在工作坑的后部和盾构衬里环之间放置两个木制环。这些木制环的尺寸必须与衬里环相匹配，并由圆形木材支撑，形成盾构千斤顶的基础结构。一般情况下，衬砌环长度达 30 ~ 50 m 以后，才能起到后背作用，方可拆除工作坑内圆木支撑。如顶段开始后，即可起用盾构本身千斤顶，将切削环的刃口切入土中，在切削环掩护下进行掘土，一面出土一面将衬砌块运入盾构内，待千斤顶回镐后，其空隙部分进行砌块拼装。再以衬砌环为后背，启动千斤顶，重复上述操作，盾构便不断前进。

（三）衬砌和灌浆

按照设计要求，确定砌块的形状、尺寸和接缝方法。接缝方法包括平口、企口和螺栓连接。企口接缝具有良好的防水性能，但拼装复杂；螺栓连接则具有良好的整体性和刚度。砌块接口应涂抹黏结剂，以提高防水性能。常用的黏结剂有沥青玛脂和环氧胶泥等。砌块外壁与土壁之间的间隙应用水泥砂浆或豆石混凝土进行填充。通常每隔 3 ~ 5 个衬砌环设有一灌注孔环，每个灌注孔环上设有 4 ~ 10 个灌注孔，灌注孔的直径不小于 36 mm。灌浆作业应及时进行，灌入顺序为自下而上，并要求左右对称进行。在进行灌浆前，应确保防止浆液漏入盾构内，做好止水措施。砌块衬砌和缝隙注浆合称为一次衬砌。在一次衬砌合格后，根据动能要求可进行二次衬砌。二次衬砌可采用豆石混凝土或喷射混凝土等方式进行。

第四节　管道制作安装

一、钢管

（一）管材

管道部件的材质、类型和压力级别必须满足工程需求。建议采用厂内制造的方式，同时施工现场处理需遵循以下规则：①避免管道表面出现瑕疵，如色斑、裂痕、深度腐蚀等问题。②焊接的外观品质需达到标准，并且无损检测结果必须合格。③对于直线型焊接管道部件，其几何形状的容许误差需符合相关规范。④每个管道部件只允许存在一条横向焊缝。当管道直径大于或等于 600 mm 时，横向焊缝之间的最小距离应大于 300 mm；若管道直径小于 600 mm，则横向焊缝之间的最小距离也应保持在 100 mm 以上。

（二）钢管安装

管道安装应符合现行国家标准规范：①对首次采用的钢材、焊接材料、焊接方法或焊接工艺，施工单位必须在施焊前按设计要求和有关规定进行焊接试验，并应根据试验结果编制焊接工艺指导书。②焊工必须按规定经相关部门考试合格后持证上岗，并且应根据经过评定的焊接工艺指导书进行施焊。③沟槽内焊接时，应采取有效技术措施保证管道底部的焊缝质量。

在实施管道装配之前，每根管子都需要进行精确测量并标记编号。建议优先选择直径相似的管子进行匹配和连接。在开始放置管道之前，必须确保所有管子的内部和外部防腐涂层都没有瑕疵，只有符合这些条件才能继续操作。当将管段组装成整体进行安装时，其长度、悬挂高度等因素必须根据管道的尺寸、壁厚、所使用的外部防腐材料以及具体的安装方式来确定。弯管起弯点至接口的距离不得小于管径，且不得小于100 mm。管节组对焊接时应先修口、清根，管端端面的坡口角度、钝边、间隙，应符合设计要求；不得在对口间隙夹焊帮条或用加热法缩小间隙施焊。对口时应使内壁齐平，错口的允许偏差应为壁厚的20%，且不得大于2 mm。

对口时纵、环向焊缝的位置应符合下列规定：①纵向焊缝应放在管道中心，垂线上半圆的45°左右处。②纵向焊缝应错开，管径小于600 mm时，错开的间距不得小于100 mm；管径大于或等于600 mm时。错开的间距不得小于300 mm。③有加固环的钢管,加固环的对焊焊缝应与管节纵向焊缝错开，其间距不应小于100 mm；加固环距管节的环向焊缝不应小于50 mm。④环向焊缝距支架净距离不应小于100 mm。⑤直管管段两相邻环向焊缝的间距不应小于200 mm,并且不应小于管节的外径。⑥管道任何位置不得有十字形焊缝。

不同壁厚的管节对口时,管壁厚度相差不宜大于3 mm。不同管径的管节相连时，两管径相差大于小管管径的15%时，可用渐缩管连接。渐缩管的长度不应小于两管径差值的2倍，且不应小于200 mm。

大于3 mm。不同管径的管节相连时，两管径相差大于小管管径的15%时，可用渐缩管连接。渐缩管的长度不应小于两管径差值的2倍，且不应小于200 mm。

管道上开孔应符合下列规定：①不得在干管的纵向、环向焊缝处开孔；②管道上任何位置不得开方孔；③不得在短节上或管件上开孔；④开孔处的加固补强应符合设计要求。

直线管段不宜采用长度小于800 mm的短节拼接。组合钢管固定口焊接及两管段间的闭合焊接，应该在无阳光直照和气温较低时施焊；采用柔性接口代替闭合焊接时，应与设计协商确定。

在寒冷或恶劣环境下焊接应符合下列规定：①清除管道上的冰、雪、霜等；②工作环境的风力大于5级、雪天或相对湿度大于90%时，应采取保护措施；③焊接时，应使焊缝可自由伸缩，并应使焊口缓慢降温；④冬期焊接时，应根据环境温度进行预热处理。

二、球墨铸铁管安装

所有管道部件（包括接头）在运送到工地之前，必须符合国家相关的规范和设计的具体要求。它们的外观质量应满足以下要求：①管节及管件表面不得有裂纹，不要有妨碍使用的凹凸不平的缺陷。②采用橡胶圈柔性接口的球墨铸铁管，承口的内工作面和插口的外工作面应光滑、轮廓清晰，不得有影响接口密封性的缺陷。

管节及管件下沟槽前，应清除承口内部的油污、飞刺、铸砂及凹凸不平的铸瘤；柔性接口铸铁管及管件承口的内工作面、插口的外工作面应修整光滑，不得有沟槽、凸脊缺陷；有裂纹的管节及管件不得使用。

对于直线布局的管道，建议选择具有较小管径公差的管段进行对接，以确保接口间的环形空隙保持均衡。如果使用滑动式或机械性的灵活接口，需要检查橡胶垫片的品质和特性，同时需符合国家关于球墨铸铁管及其配件的标准要求。只有经过橡胶垫片安装检测且检测结果合格，才能继续进行管道安装工作。在安装滑动式橡胶垫片时，必须将其推进到标志环的位置，并确保与相邻的第一至第二个接口也正确推进到位。对于机械式弹性接口的安装，插头部分必须与承口端面的法兰盘压板中心线完全吻合；所有螺栓必须朝着同一方向固定，并通过扭力扳手进行均匀且平衡的拧紧操作。

三、PCCP 管道

（一）PCCP 管道运输、存放及现场检验

1.PCCP 管道装卸

搬运 PCCP 管道的起重设备必须具备足够的强度，严禁超过其承载能力或在不稳定的环境下操作。应使用专门设计的起吊装置来提升管子，禁止使用穿心吊的方式。起吊过程中，必须确保使用的绳索被柔软材质覆盖，以防止对管子造成损伤。在装卸过程中，始终遵循轻装轻放的原则，严禁溜放、使用推土机、叉车等直接碰撞和推拉管子，同时禁止抛、

摔、滚、拖管子。管子起吊时，管道内不得有人，管子下方不允许有人逗留。

2.PCCP管道装车运输

为确保管道在搬运和运输过程中不受振动、碰撞、滑移的影响，需要采取必要的预防措施。具体措施包括：①在运输车辆中安装支撑点，或使用木楔钉入垫木以保持管道的稳定性。②确保管道与车体紧密捆绑，防止出现过高、过宽或过重的情况。③对管子的承插口进行妥善包扎保护，以避免在运输过程中受到损坏。④在管子上面或里面禁止装运其他物品，以防止对管子造成损伤。

3.PCCP管现场存放

PCCP管只能单层存放，不允许堆放。长期（1个月以上）存放时，必须采取适当的养护措施。存放时保持出厂横立轴的正确摆放位置，不得随意变换位置。

4.PCCP管现场检验

所有到达现场的PCCP管道必须附带其原始产品文件，任何标记不清、技术要求无法满足标准、质量规格不合格或与设计需求不符的产品均不得采用。这些文件应包含以下信息：①交货前的钢铁及其钢丝测试数据。②制造管道所用的水泥和骨料的检验记录。③每根钢管样本的检查结果。④管芯混凝土及保护层砂浆的试验结果。⑤成品管三边承载试验及静水压力试验报告。⑥配件的焊接检测结果。⑦砂浆、环氧树脂涂层或防腐涂层的证明材料。

在安装之前，所有管道必须经过详细的外观审查，包括：①检查PCCP管的尺寸偏差（如椭圆度、截面垂直度、直径误差及防护层误差）是否符合国家质量检验标准。②检查承插口有无碰损、外保护层有无脱落等问题。此外，对于发现的裂缝、保护层脱落、空鼓、接口掉角等缺陷，如在规范允许范围内，必须在使用前进行修补并经鉴定合格后，方可使用。

"O"形橡胶密封圈在PCCP管道的安装过程中起到关键作用。每个密封圈在使用前都必须经过仔细检查，确保其没有气孔、裂纹、厚度不足或变形等可能导致漏水的缺陷。此外，制造商需要提供符合规定的质量保证文件，以证明产品的安全性和可靠性，并附上产品适用性的证明材料。

规范规定公称直径大于 1 400 mm，PCCP 管允许使用有接头的密封圈，但接头的性能不得低于母材的性能标准，现场抽取 1% 的数量进行接头强度试验。

（二）PCCP 管的吊装就位及安装

1.PCCP 管施工原则

当 PCCP 管道需要在陡峭地形环境中铺设时，应遵循自底部向顶部的铺设流程。首先完成底部管道的建设，然后逐步向上铺设管道，确保管道的承口面朝上，以方便后续的工作。根据路段内管道路线与地势的高低差，我们会在每个部分设立独立的工作场地，并同步推进各个阶段的管道搭建工程。

现场对 PCCP 管逐根进行承插口配管量测，按长短轴对正方式进行安装。严禁将管子向沟底自由滚放，采用机具下管尽量减少沟槽上机械的移动和管子在管沟基槽内的多次搬运移动。吊车下管时注意吊车站位位置沟槽边坡的稳定。

2.PCCP 管吊装就位

对于 PCCP 管道的安装位置选择，需要结合管道直径、周围地貌特征、道路情况、沟渠深浅程度以及工程期限等多项因素来综合考虑，并选取合适的施工方式。只要施工现场具备吊车站位条件，应采用吊车吊装就位。具体步骤如下：①使用两组倒链和钢丝绳将管子吊至沟槽内。②使用手扳葫芦配合吊车，对管子进行上下、左右的微调。③通过下部垫层、三角枕木及垫板，使管子准确就位。

3. 管道及接头的清理、润滑

安装前先清扫管子内部，清除插口和承口圈上的全部灰尘、泥土及异物。胶圈套入插口凹槽之前先分别在插口圈外表面、承口圈的整个内表面和胶圈上涂抹润滑剂，胶圈滑入插口槽后，在胶圈及插口环之间插入一根光滑的杆（或用螺丝刀），将该杆绕接口圆两周（两个方向各一周），使胶圈紧紧地绕在插口上，形成一个非常好的密封面，然后再在胶圈上薄薄地涂上一层润滑油。所使用的润滑剂必须是植物性的或经厂家同意的替代型润滑剂而不能使用油基润滑剂，因为油基润滑剂会损害橡胶圈，故而不能使用。

4. 管子对接

在管道安装过程中，需要将从天花板上拆下来的管道插头与已经组装完成的管道接口进行匹配，确保插头能够精确无误地嵌入到相应的接头上。为了实现这一过程，建议使用手扳葫芦外拉法，以稳定且逐步地将新管道的插头滑动至已固定的管道接头上。为了确保操作人员的安全，应提前让他们进入管道内部，并在两管之间塞入挡块，以控制安装间隙在 20 ~ 30 mm，同时避免承插口环的碰撞。特别需要注意的是，在对接管道时，应保持插口端和承口端平行，且圆周间隙大致相等，以确保管道能够准确就位。

在管道安装过程中，需要特别注意避免灰尘污染已经涂抹了润滑油的插孔环。一旦管道对齐后，应立即确认橡胶垫片的位置。操作时，使用特制柔软的弯曲工具插入插座突起部分与承口表面之间的空隙，围绕接合处旋转一周，确保整个接头都能接触到橡胶垫片。如果接口完好，可以取下挡块，将管子拉拢到位。如果某一部位无法接触到胶圈，则需要拉开接口，仔细检查胶圈是否有切口、凹陷或其他损伤。如有问题，必须更换胶圈并重新连接。每节 PCCP 管安装完成后，需细致检查管道的位置和高程，确保安装质量。

5. 接口打压

PCCP 管的承插口采用双胶圈密封，管道对接完成后需要对每个接口进行水压试验。在插口的两道密封圈之间预留一个 10 mm 的螺孔作为试验接口。试水时，拧下螺栓，将水压试验机与螺孔连接，注水加压。为防止管道在水压试验过程中产生位移，应在相邻两管之间使用拉具将其拉紧。

6. 接口外部灌浆

为了防止暴露在外部的钢承插口受到侵蚀，必须对管道接头外部实施浇筑或者手工涂抹水泥。具体的步骤如下：在接口的外侧裹一层麻布、塑料编织带或油毡纸（15 ~ 20 cm 宽）作模，并用细铁丝将两侧扎紧，上面留有灌浆口，在接口间隙内放一根铁丝，以备灌浆时来回牵动，以使砂浆密实。

将水泥砂浆调制成流态状，并灌满绕接口一圈的灌浆带。通过来回牵动铁丝，使砂浆从另一侧冒出，然后用干硬性混合物抹平灌浆带顶部的敞口，确保管底接口的密实度。第一次浇灌时，仅灌至灌浆带底部的1/3处，并进行回填，以便在后续灌满整个灌浆带时提供支撑作用。

7. 接口内部填缝

接口内凹槽用水泥砂浆进行勾缝并抹平管接口内表面，使之与管内壁平齐。

8. 过渡件连接

当阀门、排气阀或钢管等装有法兰接口时，过渡件必须使用相应的法兰接口与其连接端相匹配。法兰螺栓孔的位置和直径必须与连接端的法兰一致。在安装垫片或垫圈时，必须确保其位置正确，并按照对称位置相间的方式逐步拧紧螺栓，以防止在拧紧过程中产生的轴向拉力导致管道两端的拉裂或接口脱开。

连接不同材质的管材采用承插式接口时，过渡件与其连接端必须采用相应的承插式接口，其承口内径或插口外径及密封圈规格等必须符合连接端承口和插口的要求。

四、玻璃钢管

（一）管材

所有管道组件及其部件在被引入建设工地时，其外观质量必须符合国家规范和具体设计要求：①内、外径偏差、承口深度（安装标记环）、有效长度、管壁厚度、管端面垂直度等应符合产品标准规定。②内、外表面应光滑平整，无划痕、分层、针孔、杂质及破碎等现象。③管端面应平齐、无毛刺等缺陷。④橡胶圈应符合相关规定。

（二）接口连接、管道安装的规定

接口连接、管道安装应符合下列规定：①必须清理套筒内部及其插入端的外部污染物和黏附物。②在管道正确定位后，周围不应出现明显的弯曲或爆裂现象。③需确保整个建设过程中管道不受损，并尽量减少内外防护层的脱落。针对检查井、通风孔、阀门井及水平拐角处的管段位置，应采取预防措施，以防止不均匀下沉造成接口角度过大。④若在混凝土或砖石构造的墙体内安装管段，可使用橡胶垫片或其他中间介质，确保管道外部与建筑物墙面紧密接触且无渗透问题。

（三）管沟垫层与回填

沟槽的深度由垫层厚度、管区回填土厚度和非管区回填土厚度组成。管区回填土厚度分为主管区回填土厚度和次管区回填土厚度。主管区回填土一般为素土，其含水率以手攥成团时为准，通常为17%。主管区回填土应在管道安装后尽快进行回填，而次管区回填土则在施工验收时完成，也可以一次性连续完成。

工程地质条件是施工的需要，也是管道设计时需要的重要数据，必须认真勘察。为了确定开挖的土方量，需要计算回填的材料量，以便于安排运输和备料。

施工玻璃纤维增强热固性树脂夹砂管道的过程相当复杂，为了确保施工流程的合理性和质量，必须进行精心设计的施工组织。在这个过程中，排水、土石方平衡、回填材料的选择以及夯实方案的制定等环节对于管道的建设至关重要。

在管道上施加的负荷会导致管道的垂直直径减小、水平方向增大，形成椭圆形变化。这种影响导致的扭曲现象称为挠曲。负责安装管道的工作人员需确保管道在安装过程中的弯曲达到标准要求，以保证管道的长期弯曲值低于制造商推荐的数值。

（四）沟槽、沟底与垫层

沟槽宽度需确保夯实机具能够方便操作。在地下水位较高的情况下，应首先进行降水处理，以确保回填后管基础不受扰动，避免管道承插口的变形或管体折断。

沟底的土质必须符合填料要求，不能含有岩石、卵石、软质膨胀土、不规则碎石或浸泡土。沟底应连续平整，使用水准仪根据设计标高找平，管底不应有砖块、石头等杂物，除了承插接头部位外，不得超挖。需要清除可能掉落的或碰落的物体，以防止损坏管道。

沟底夯实后，需铺设 10～15 cm 厚的砂垫层，可采用中粗砂或碎石块。为了便于安装，承插口下部应预留 30 cm 深的操作坑。安装下管时，应采用尼龙带或麻绳双吊点吊装管子，轻轻放入管沟，确保管承口朝向水流方向，管线的安装方向需通过经纬仪来控制。

为了方便接头正常安装，同时要避免接头承受管道的重量，施工完成后，经回填和夯实，使管道在整个长度上形成连续支撑。

（五）管道支墩

设立支墩的主要目的是为了提供有效支持，以抵御管道内部水压产生的推动力。一般情况下，我们会在管件周围使用混凝土包裹支墩，但在管道接口部分留出外部空间以便于接驳和维护。此外，也可以采用混凝土基座方式，通过预先安装的管夹来稳固管件，以确保管件移动时不会使密封环脱离连接。这种类型的支墩主要适用于弯曲管、三通及变径管等特殊部位。

止推应力墩也称挡墩，同样是承受管内产生的推力。该墩要完全包围住管道。止推应力墩一般使用在偏心三通、侧生 Y 型管、Y 型管、受推应力的特殊备件处。

为了避免闸门关闭时对管道产生的推力影响，可以在闸门井壁上安装固定设备或采用其他方式来稳定闸门，这样能显著降低对管道的推力。设置支撑座有助于防止管道产生异常形状。层层浇筑确保每一层水泥都有充足的时间凝固。

管道接口出现位置偏差可能导致过度扭转压力。对于刚性连接，需要采取以下策略：①在混凝土柱子的出入口位置放置接口，确保外部第一部分管道有足够的活动空间；②使用橡胶覆盖管道以减轻硬质交接点的压力。

当管道的纵坡超过 15° 时，采用柔性接口方式进行安装能够避免管道下滑和移动。

（六）管道连接

管道连接质量的高低直接影响整个管道系统品质的好坏，也决定管道能否正常运行。无论选择何种管道连接方式，都必须确保连接具有足够的强度和刚性，并能够有效减轻轴向力，同时安装过程也应简便可靠。

承插连接具有制作方便、安装速度快等优点。插口端与承口变径处留有一定空隙，是为了防止温度变化产生过大的温度应力。

胶合刚性连接适用于地基较为柔软且地面活动负荷较大的区域。

在连接两个法兰时，只需确保其中一个法兰上有两条水平线。在紧固螺栓时，应逐步交叉施力，以避免一次性施加过大的压力可能导致法兰损坏。

机械连接活接头存在被腐蚀的风险，因此通常会采用外层覆有环氧树脂、塑料或热浸镀锌的钢壳、不锈钢壳等作保护层。在使用时，需特别注意控制螺栓的扭矩，避免过度拧紧而损坏管道。

钢接头的柔性是其特点，但由于土壤对其有严重的腐蚀影响，因此需注意采取防腐措施。多功能连接活接头主要用于连接支管、仪表或者管道中途投药等，比较灵活方便。

（七）沟槽回填与回填材料

"管道－土壤系统"由管道及其周围的回填物质共同组成，回填过程的重要性 y 与安装过程相同。管道安置并固定后，土壤的支持力主要来自管道两侧的土层。这些支持力受土壤种类、质量和湿度的显著影响，关乎保护管道免受过度弯曲而受损。为防止此类情况发生，需采取增强土壤抵抗力的措施，以提升土壤对管道侧向位移（即弯曲）的支撑能力。管道浮动将破坏管道接头，造成不必要的重新安装。热变形是指由于安装时的温度与长时间裸露暴晒温度的差异而导致的变形，这将造成接头处封闭不严。

回填料可以加大土壤阻力，提高土壤支撑力，因此管区的回填材料、回填埋设和夯实，对控制管道径向挠曲是非常重要的，对管道运行也是关键环节，所以必须正确进行。

第一次回填由管底回填至 0.7 DN 处，尤其是管底拱腰处一定要捣实；第二次回填到管区回填土厚度，即 0.3 DN+300 mm 处，最后原土回填。

为了确保管道的稳定性，应采取分层回填夯实的方式，以便达到预设的夯实密度。砂的夯实有一定难度，所以每层应控制在 150 mm 以内。当砂质回填材料处于接近其最佳湿度时，夯实最易完成。

（八）管道系统验收与冲洗消毒

1. 冲洗消毒

冲洗是以不小于 1.0 m/s 的水流速度清洗管道，经有效氯浓度不低于 20 mg/L 的清洁水浸泡 24 h 后冲洗，达到除掉消除细菌及有机物污染，使管道投入使用后输送水质符合饮用水标准。

2. 玻璃钢管道的试压

管道安装完毕后，应按照设计规定对管道系统进行压力试验。根据试验的目的，可以分为检查管道系统机械性能的强度试验和检查管路连接情况的密封性试验。按试验时使用的介质，可分为水压试验和气压试验。

玻璃钢管道试压的一般规定如下：①强度试验通常使用洁净的水或根据设计规定的介质。密封性试验则使用空气或惰性气体进行密封。②化工工艺管道的试验介质需按设计规定的具体要求选择。③工作压力不低于 0.07 MPa 的管路通常采用水压试验，而工作压力低于 0.07 MPa 的管路通常采用气压试验。④玻璃钢管道密封性试验的试验压力一般设定为管道的工作压力。⑤玻璃钢管道强度试验的试验压力一般为工作压力的 1.25 倍，但不得超过工作压力的 1.5 倍。⑥进行压力试验时所使用的压力表和温度计必须符合技术监督部门的规定要求。⑦工作压力以下的管道进行气压试验时，可采用水银或水的"U"形玻璃压力计，但其刻度必须准确。⑧在试压前，管道不得进行油漆和保温，以便进行外观和泄漏检查。⑨达到试验压力后，停止加压并观察 10 min，压力降不得超过 0.05 MPa，同时管体和接头处不得有可见渗漏。随后压力降至工作压力，稳定 120 min，并进行外观检查，如无渗漏即为合格。

试验过程中，如遇泄漏，不得带压修理。待缺陷消除后，应重新进行试验。

第四章　水利工程施工项目安全与环境管理

　　工程施工应该"以人为本，安全第一"，水利工程施工项目安全管理是保护劳动者安全、健康和发展生产力的重要工作，同时也是维护社会安定团结，促进国民经济稳定、持续、健康发展的基本条件。而水利工程项目的环境管理是一个复杂的领域，它涉及多个方面，包括但不限于工程质量的监督管理、环境保护设施的建设、验收以及对生态环境的影响评估等。本章主要以安全与环境管理体系建立、水利工程施工项目安全管理、水利工程项目的环境管理为主要内容，进行水利工程施工项目安全与环境管理的论述。

第一节　安全与环境管理体系建立

一、安全管理机构的建立

　　在任何工程规模下，现场都需要建立一套完善的安全管控体系。首先需要成立由项目主管领导的项目安全建设团队，他们将全面负责施工阶段的安全任务。这个团队包括项目经理、专业技术负责人、各部门负责人以及生产车间的主要责任人，他们共同承担安全职责。除项目安全建设团队外，还需设立独立的安全管理单位，并配置相应的安全管理者和全职安全工作人员。这些安全管理者和工作人员负责制定和执行安全管理制度、监督现场安全生产、组织安全培训以及处理安全事故和突发事件。安全管理人员须经安全培训持证（A、B、C证）上岗，专门负责施工过程中的工作安全。只要施工现场有施工作业人员，安全员就得上岗值班。在每个工序开工前，安全员要检查工程环境和设施情况，认定安全的后方可进行工序施工。各技术及其他管理科室和施工段要设兼职安全员，负责本部门的安全生产预防和检查工作。各作业班组组长要兼任本班组的安全检查员，具体负责本班组的安全检查。

建立紧急情况应对机制对水利设施建造至关重要。通常由安全监管专家和项目主管组成，整体承建商则负责制定安全生产突发事件应变计划。工程总承包和分包单位依据应急救援预案，建立应急救援组织，配置人员和设备，并定期演练，以确保迅速、有效应对突发事件，最大限度减少人员伤亡和财产损失。此外，应急情况应对机制还需包括预警系统和紧急通信渠道的建立和管理，详细的应急响应流程和责任分工。通过持续演练和评估，提升和完善应急响应能力，是确保施工安全的重要措施之一。

二、安全生产制度的落实

（一）安全教育培训制度

要树立全员安全意识，安全教育的要求如下：①广泛开展安全生产宣传教育，使员工深刻认识到安全生产的重要性和必要性，掌握基础安全知识，坚定"安全第一"的理念，自觉遵守安全法规和规章制度。②安全教育内容包括安全知识、技能、设备操作、规程及安全法规等。③建立定期的安全教育考核制度，并将考核结果记录在员工人事档案中。④对于特殊工种（如电工、电焊工、架子工、司炉工、爆破工、机械操作工、起重工、机械司机、机动车辆司机等），除一般安全教育外，还需进行专业技能培训，通过考试取得相应资格方可上岗工作。⑤在工程施工中引入新技术、新工艺或新设备，以及员工调动到新岗位时，必须进行相应的安全教育和培训，确保上岗条件。

项目部需定期召开安全生产会议，汇总前期工作，查明问题，安排后续工作，利用施工间隙进行安全培训。在培训工作中和其他安全工作会议上，安全小组领导成员要讲解安全工作的重要意义，学习安全知识，增强员工安全警觉意识，把安全工作落实在预防阶段。根据工程的具体特点把不安全的因素和相应措施方案装订成册,供全体员工学习和掌握。

(二)制订安全措施计划

对高空作业、地下暗挖作业等专业性强的作业,电器及起重等特殊工种的作业,应制定专项安全技术规程,并对管理人员和操作人员的安全作业资格和身体状况进行合格检查。

对结构复杂、施工难度大、专业性较强的工程项目,除制订总体安全保证计划外,还须制订单位工程和分部(分项)工程安全技术措施。

建筑工程安全管理策略涵盖设备保护和事故预防,重点包括火灾防控、化学品防毒、爆炸风险管理、水灾预防、粉尘防护、闪电安全、电气危险规避、结构稳定、工具机器安全、吊装设备防护、高空作业安全、交通管理、恶劣天气应对、环境保护等措施。

(三)安全技术交底制度

关键安全操作如建筑物与机械安装、爆炸操作、高空作业、拆除工作、交叉作业、夜间任务、疲劳劳动、电力设施维护、雨季施工、地下施工、脚手架搭建与拆除等,在启动前必须完成技术解释、安全说明和联合审查,以确保操作安全无误。基本要求包括:①实行逐级安全技术交底制度,从上到下,直到全体作业人员。②安全技术交底工作必须具体、明确及有针对性。③交底的内容要针对分部(分项)工程施工中给作业人员带来的潜在危害。④应优先采用新的安全技术措施。⑤应将施工方法、施工程序、安全技术措施等优先向工段长、班级组长进行详细交底。定期向多个工种交叉施工或多个作业队同时施工的作业队进行书面交底,并保持书面安全技术交底的签字记录。

交底的主要内容包括:①工程施工项目的特性和潜在风险;②各个风险点的具体应对策略;③需要注意的安全问题;④相关的安全操作规定和准则;⑤一旦发生事故,应立即采取的紧急处理措施。

(四)安全警示标志设置

施工单位在施工现场大门口应设置"五牌一图",即工程概况牌、管理人员名单及监督电话牌、消防保卫牌、安全生产牌、文明施工牌和施工现场平面图。还应设置安全警示标志，在不安全因素的部位设立警示牌，严格检查进场人员佩戴安全帽、高空作业佩戴安全带情况，严格持证上岗工作，风雨天禁止高空作业，遵守施工设备专人使用制度，严禁在场内乱拉用电线路，严禁非电工人员从事电工工作。

根据项目特性和各施工环节，在高风险区域必须设置并张贴显眼的安全提示标识。这些区域包括工地出入口、大型设备操作点、临电装置、脚手架、行人和车辆交汇处、楼梯间、露台边缘、升降机孔洞、桥面或隧道口、土方挖掘区域，以及爆炸品存放场所等。针对不同的危险区域，应配置适当的安全警示标签，以确保其有效性。

安全警示标志设置和现场管理结合起来，同时进行，防止因管理不善产生安全隐患。工地防风、防雨、防火、防盗、防疾病等预防措施要健全，都要有专人负责，以确保各项措施及时落实到位。

（五）施工安全检查制度

"三违"即违章操作、违反劳动纪律、违章指挥。"三违"现象的存在会增加工地上的风险并可能导致意外事件的发生。因此，预防和纠正这些问题至关重要。为了达到这一目的，需要定期进行建筑现场的安全审查，识别潜在风险并制定应对策略，确保工作正常进行，保障工人生命安全和健康权益。这一任务应由负责的项目主管执行，并跟踪记录结果，向相关部门负责人反馈，作为参考依据。

1. 安全检查的类型

施工安全检查的类型分为日常性检查、专业性检查、季节性检查、节假日前后检查和不定期检查等。

2. 安全生产检查主要内容

安全生产检查的主要内容是做好以下"五查"：①查思想。主要检查企业干部和员工对安全生产工作的认识。②查管理。主要检查安全管理是否有效，包括安全生产责任制、安全技术措施计划、安全组织机构、安全保证措施、安全技术交底、安全教育、持证上岗、安全设施、安全标志、操作规程、违规行为以及安全记录等。③查隐患。主要检查作业现场是否符合安全生产的要求，是否存在不安全因素。④查事故。查明安全事故的原因、明确责任、对责任人作出处理，明确落实整改措施等要求。此外，检查对伤亡事故是否及时报告、认真调查、严肃处理等。⑤查整改。主要检查对过去提出的问题的整改情况。

第二节　水利工程施工安全管理

一、施工安全管理的目的和任务

工程项目的安全管理旨在最大程度确保劳动者的身体健康，监控可能对工人（包括临时雇员、签约职员、访客及其他相关人士）构成威胁的环境要素，以预防操作失误导致的伤害或意外事件。

为了确保建筑工程安全顺利进行，建设公司需采取一系列管理措施，包括组织架构的建立、监督和协作行动。这些行动应根据公司的具体情况制定，并经过实际操作、目标达成、评估、维护和持续优化的过程。

具体措施可能包括建立组织结构、策划活动、明确职责、遵守安全法律法规、编制控制程序文件、实施过程控制，提供人员、设备、资金、信息等资源，按照国家标准评审安全与环境管理体系，并通过计划、执行、检查和总结的循环过程持续提升。

二、施工安全管理的特点

（一）复杂性

水利工程建设项目因其稳定性、生产变动性以及外界环境因素的不确定性，使得施工安全管理的复杂度显著提高。

生产的流动性主要指生产要素在生产过程中的流动，包括人员、工具和设备的流动。具体来说，涉及以下四个方面：①同一工地不同工序之间的流动；②同一工序在不同工程部位之间的流动；③同一工程部位在不同时间段内的流动；④以及施工企业向新建项目的迁移流动。

外部环境对施工安全的影响较大，主要体现在以下五个方面：①露天作业频繁；②气候变化剧烈；③地质条件复杂多变；④地形条件复杂；

⑤不同地域之间人员交流存在障碍。

以上生产因素和环境因素的影响使施工安全管理变得复杂，考虑不周会出现安全问题。

（二）多样性

由于受到各种外部条件的限制，水利设施建设任务呈现出多样化的特性。然而，每个具体的建设项目都必须根据特定的环境和需求来进行建造活动。安全管理的多样性特点，主要表现在以下四个方面：①不能按相同的图纸、工艺和设备进行批量重复生产；②因项目需要设置组织机构，项目结束后组织机构便会解散，生产经营的一次性特征突出；③新技术、新工艺、新设备、新材料的应用给安全管理带来新的难题；④人员变动频繁，不同人员的安全意识、工作经验不同会带来安全隐患。

（三）协调性

由于建筑流程的连续性和各专业的划分，建设安全的协同管理变得至关重要。与其他制造业产品相比，水利设施建设项目无法拆分为多个阶段或独立组件并行制造，而是需要在一个特定地点按严格的顺序持续进行，只有前一环节完成后才能进入下一环节。每道工序由不同部门和人员完成，因此在安全管理中，必须确保各部门和人员进行横向配合和协调，共同管理各施工生产过程的接口部分，确保整个生产过程的安全。

（四）强制性

工程项目建设前，已经通过招标投标程序确定了施工单位。然而，当前建筑行业供应量远超需求，导致许多承包商为获得合同而低价竞争。这使得在实际操作中，承包商对安全的资金投入严重不足，甚至有时违反安全管理规范。因此，应要求建设单位和施工单位重视安全管理经费的投入，达到安全管理的要求。同时，政府也需加大对安全生产的监管力度。

三、建立施工安全生产组织机构

尽管安全的重要性众所周知，但安全事故仍然频发。为确保施工过程中的安全，必须设立安全生产组织机构，完善安全生产规章制度，统一施工项目的安全管理目标、安全措施、检查制度、考核办法和安全教育措施。具体工作如下：①成立以项目经理为首的安全生产施工领导小组，具体负责施工期间的安全工作。②项目副经理、技术负责人、各科负责人和生产工段的负责人为安全小组成员，共同负责安全工作。③设立专职安全员（需有国家安全员执业资格证书或经培训持证上岗），专门负责施工过程中的安全工作，只要施工现场有施工作业人员，安全员就要上岗值班，在每个工序开工前，安全员要检查工程环境和设施情况，认定安全后方可进行工序施工。④各技术及其他管理科室和施工段要设兼职安全员，负责本部门的安全生产预防和检查工作，各作业班组组长要兼任本班组的安全检查员，具体负责本班组的安全检查工作。⑤工程项目部应定期召开安全生产工作会议，总结前期工作，找出问题，布置落实安全工作，利用施工空闲时间进行安全生产工作培训。在培训工作和其他安全工作会议上，讲解安全工作的重要意义，带领员工学习安全知识，增强员工的安全警觉意识，把安全工作落实到预防阶段。根据工程的具体特点，把不安全的因素和相应措施总结成文，并装订成册，让全体员工学习和掌握。⑥严格按国家有关安全生产规定，在施工现场设置安全警示标识，在不安全因素的部位设立警示牌，严格检查进场人员佩戴安全帽、高空作业系安全带情况，严格遵守持证上岗制度，风雨天禁止高空作业，遵守施工设备专人使用制度，严禁在场内乱拉用电线路，严禁非电工人员从事电工作。⑦将安全生产工作和现场管理结合起来，同时进行，防止因管理不善产生安全隐患，工地防风、防雨、防火、防盗、防疾病等预防措施要健全，都要有专人负责，以确保各项措施及时落实到位。⑧完善安全生产考核制度，实行安全问题一票否决制和安全生产互相监督制，提高自检、自查意识，开展科室、班组经验交流和安全教育活动。⑨对构件和设备吊装、爆破、高空作业、拆除、上下交叉作业、夜间作业、疲劳作业、带电作业、汛期施工、地下施工，脚手架搭设拆除等重要安全环节，必须在开工前进行技术交底，安全交底，联合检查后，确认安全，方可开工。在施工过程中，加强安全员的旁站检查，加强专职指挥协调工作。

四、施工安全检查

施工安全检查的目标在于根除潜在的安全隐患和预防意外事件的发生，优化工作人员的工作环境并提升他们的职业健康与安防观念，这是建设过程中一项关键的管理任务。借助对工地的全面审查能找出可能存在的威胁源，从而制定相应的应对策略以确保工作的无恙运行。对于建设项目而言，其现场作业的健康保障需要靠主管人员来统筹安排。

（一）施工安全检查的类型

施工安全检查的类型分为日常性检查、专业性检查、季节性检查、节假日前后检查和不定期检查等。

1. 日常性检查

日常性检查是经常性的、普遍的检查，一般每年进行 1 ~ 4 次。项目部、科室每月至少进行 1 次，施工班组每周、每班次都应进行检查，专职安全技术人员的日常检查应有计划、有部位、有记录、有总结地周期性进行。

2. 专业性检查

专业性检查是指针对特种作业、特种设备、特殊场地进行的检查，如电焊、气焊、起重设备、运输车辆、压力容器、易燃易爆场所等，由专业检查员进行检查。

3. 季节性检查

季节性检查是根据季节特点，为保障安全生产所进行的专项检查。春季空气干燥、风大，重点检查防火、防爆措施；夏季多雨、雷电、高温，重点检查防暑、降温、防汛、防雷击、防触电措施；冬季则重点检查防寒、防冻等措施。

4. 节假日前后检查

节假日前后检查是确保施工现场安全和工作顺利进行的重要环节。为了应对假日期间可能出现的松懈思维，应该采取以下措施：节前检查与准备；假日期间的安全管理；节后检查与复工准备。

5. 不定期检查

不定期检查是指在工程开工前、停工前、施工中、竣工时、试运转时进行的安全检查。

（二）安全检查的注意事项

安全检查要深入基层，紧紧依靠员工，坚持领导与群众相结合的原则，组织好检查工作。

建立检查的组织领导机构，配备适当的检查力量，选聘具有较高技术业务水平的专业人员。

做好检查前的各项准备工作，包括思想、业务知识，法规政策、检查设备和奖励等方面的准备工作。

明确检查的目的、要求，既严格要求，又防止"一刀切"，从实际出发，分清主次，力求实效。

把自查与互查相结合，基层以自查为主，管理部门之间相互检查，互相学习，取长补短，交流经验。

检查与整改相结合，检查是手段，整改是目的，发现问题及时采取切实可行的防范措施。

结合安全检查的实施，逐步建立健全检查档案，收集基本数据，掌握基本安全状态，为及时消除隐患提供数据，同时也为以后的安全检查打下基础。

在创建安全检查表的过程中，需要依据其使用目标和需求精确地决定安全检查表的形式。常见的安全检查表包括：设计用安全检查表、厂级安全检查表、车间安全检查表、班组安全检查表、岗位安全检查表、专业安全检查表。制定安全检查表要在安全技术部门指导下，充分依靠员工来进行，初步制定安全检查表后，应经过讨论、试用和修订，再最终确定。

（三）安全事故处理的原则

安全事故处理要坚持 4 个原则：①事故原因不清楚不放过；②事故责任者和员工未受教育不放过；③事故责任者未受处理不放过；④没有制定防范措施不放过。

第三节　水利工程环境安全管理

一、环境安全的组织与管理

（一）组织和制度管理

项目经理应担任主要负责人的文明施工管理组织，必须在施工现场建立起来。各分包单位必须服从整体包工单位的文明施工管理组织，并接受其监督检查。

各项施工现场管理制度应有文明施工的规定，包括个人岗位责任制、经济责任制、安全检查制度、持证上岗制度、奖惩制度、竞赛制度和各项专业管理制度等。

应强化并落实现场的文明检查、评估和奖惩制度，以提高施工的文明程度和管理水平。检查范围和内容应全面周到，包括生产区、生活区、场容场貌、环境文明及制度落实等内容。应对检查发现的问题采取整改措施。

（二）收集环境安全管理材料

上级关于文明施工的标准、规定、法律法规等资料；施工组织设计（方案）中对施工环境安全的管理规定，以及各阶段保护施工现场环境安全的措施；施工环境安全自检资料；施工环境安全教育，培训、考核计划的资料；施工环境安全活动各项记录资料。

（三）加强环境安全的宣传和教育

在坚持不懈地进行岗位培训的基础上，应采取多种形式严格执行教育任务，包括派遣人员、邀请他人参与、短期培训、技术课程、公开讲座、收听广播、观看录像和电视等。特别需要注意的是，对临时工应进行岗前培训。此外，专业管理人员应熟练掌握文明施工的各项规定。

二、现场环境安全管理的基本要求

施工现场必须设置明显的标牌，标明工程项目名称、建设单位、设计单位、施工单位、项目经理以及施工现场总代理人的姓名、开工日期、竣工日期、施工许可证批准文号等。施工单位负责施工现场标牌的保护工作。

在施工现场，负责管理的人员需持有证明其身份的凭证。按照施工平面布局图，应合理安排各类临时设备。大型原材料、成品、半成品及机械设备堆放在现场时，不得占用场地内的道路和保护设施。

所有用于建筑工程的电力设备和系统必须遵循相应的安装标准和安全操作流程，并在建设计划中加以实施。严禁随意布线或连接电源。工地需要提供充足的夜间照明，以确保工作环境的安全需求。对于湿气较重且存在风险的区域，照明设备需具备安全的电气特性。

建筑设备应根据总体规划布局的要求，放置在指定的位置和路线内，不得随意占用场地内的通道。施工机械进场前需经过安全检查，只有检查合格的机械设备方可使用。施工机械操作人员必须建立机组责任制，并依照有关规定持证上岗，严禁无证人员操作。

施工现场的道路应保持畅通，并确保排水设备正常运行；保持场地整洁，随时清理建筑垃圾。在车辆和行人通行的地方施工时，应设置施工标志，并对沟井坎穴进行覆盖和铺垫。

施工现场的各种安全设施和劳动保护器具，必须定期进行检查和维护，及时消除隐患，保证其安全、有效。

施工现场应当设置各类必要的职工生活设施，并符合卫生，通风、照明等要求。职工的膳食、饮水供应等应当符合卫生要求。

需要确保施工现场的安全防护，实施必要的防盗措施，并在现场周围设置保护设备。必须严格按照《中华人民共和国消防法》的要求，在建筑工地设立并实施火源管控规章，配置满足消防需求的安全设备，并确保其处于良好的待命状态。当在可能引发火灾的地段进行建设工作或存储、使用易燃易爆物品时，需采取特别的消防安全策略。

项目部必须对所有成员进行规范言行的教育，积极倡导精神文明建设，禁止赌博、吸毒、淫秽色情以及暴力、斗殴等行为的发生。通过强有力的制度和频繁的检查教育，杜绝不良行为的出现。

对于需要频繁外出的采购、财务、后勤等职员，应进行专业的语言和礼仪培训，以提高其交流与协调能力，避免因不当言行或缺乏礼貌和能力而引发争端。

公司应积极推广团队合作理念，鼓励员工分享经验与学习，并指定专门人员管理和策划员工的非工作时间活动。公司应订购健康文明的书刊，组织员工收看、收听健康有益的音像节目，定期组织项目部开展友谊联欢和简易体育比赛活动，丰富员工的业余生活。

在重要节假日期间，项目团队应指派专人负责购买日常用品，并组织轻松愉快的集体聚会活动，以提升员工的情绪。同时，定期向公司人力资源部门和员工家庭反馈员工在工地上的优秀表现，以激发其积极性。

三、现场环境污染防治

为了实现环境安全管理的基本目标，必须对施工场地的空气、水质和噪声进行有效治理。同时，还需要对已有和新产生的固体废弃物进行必要的处理和管理。

（一）施工现场空气污染的防治

施工现场的垃圾、渣土要及时清理。

在清理建筑的上部结构废弃物时，必须采用密封容器或其他适当方法进行处理，严禁任何形式的空中抛撒。

施工现场道路应指定专人定期洒水清扫，形成制度，防止道路扬尘。对于细颗粒散体材料（如水泥、粉煤灰、白灰等）的运输、储存，要注意遮盖、密封，防止和减少粉尘飞扬。

车辆驶出工地时必须确保不带泥沙，尽量避免土壤扬尘，有效减少对周围环境的污染。

除设有符合规定的装置外，禁止在施工现场焚烧油毡、橡胶、塑料、皮革、树叶、枯草，各种包装物等废弃物品，以及其他会产生有毒、有害烟尘和恶臭气体的物质。

所有汽车必须配备能够降低尾气排放的设备，以确保符合国家规定。

在处理工地锅炉时，应尽可能采用电热水器。如果必须使用燃煤锅炉，应选择消烟除尘型号，并对大型灶具采用节能回风炉，以确保烟尘浓度降低至允许的排放标准。

施工地点距离村庄较近时，应密封混凝土搅拌站，并在进料仓的顶部安装除尘设备，采取有效措施控制工地的粉尘污染。

在拆除旧建筑时，应适量洒水，以防止尘土飞扬。

（二）施工现场水污染的防治

1. 水污染的主要污染源

工业污染源：主要指各种未经合格处理的工业废水向自然水体的排放物等。

生活污染源：主要有食物废渣、食油、粪便、合成洗涤剂、杀虫剂、病原微生物等。

农业污染源：主要有化肥、农药等。

此外，施工现场废水和固体废弃物能够随水流流入水体，包括泥浆、水泥、油罐、各种油类、混凝土外加剂、重金属、酸碱盐和非金属无机毒物等。

2. 施工现场水污染的防治措施

禁止将有毒、有害废弃物作为土方回填。

施工现场搅拌站废水、现制水磨石的污水，电石（碳化钙）的污水必须经沉淀池沉淀合格后再排放，最好将沉淀水用于工地洒水降尘或采取措施回收利用。

现场存放油料的，必须对库房地面进行防渗处理，如采用防渗混凝土地面、铺油毡等措施。使用时，要采取防止油料跑、冒、滴、漏的措施，以免污染水体。

施工现场供100人以上使用的临时食堂，排放污水时可设置简易有效的隔油池，定期清理，防止污染。

工地临时厕所、化粪池应采取防渗漏措施。处于中心城区的施工现场的临时厕所可采用水冲式厕所，并有防蝇、灭蛆措施，防止污染水体和环境。

第五章　水利工程施工项目质量管理

随着国家经济的发展，水利项目愈发增加，对资源利用开发随之增加，国家基于水利项目一定的关注，要想确保工程质量，处理水利施工问题是极为关键的，控制水利工程施工过程中质量和管理至关重要。本章主要以质量管理、质量系统的建立与运行、水利工程质量事故的处理、水利工程质量评定与验收几个方面，进行水利工程施工项目质量管理的研究。

第一节　质量管理概述

一、项目质量和工程项目质量控制的概念

（一）工程项目质量

质量是反映实体满足明确或隐含需要能力的特性的总和。工程项目质量是国家现行的有关法律法规、技术标准、设计文件及工程承包合同对工程的安全、适用、经济、美观等特征的综合要求。

从功能和使用价值来看，建筑物品质的功能和使用价值主要体现在适应性、稳定性和成本效益上，同时也考虑外形美观和生态环境和谐等因素。每个建设项目根据业主的需求而定，因此各项目的功能和实际效用的品质应符合不同的业主要求，没有固定的一套标准。

从工程项目质量的形成过程来看，工程项目质量形成过程包括各个阶段的建设质量。这包括可行性研究阶段的品质、决策层面的品质、设计阶段的品质、施工过程的品质以及最终完成验收后的品质。

工程项目的品质可以从两个主要方面来理解：一是工程成品的特性表现，通常称为工程品质；二是对工程建设过程中团队协作能力、组织管理等方面工作的评价，即"工作品质"。这个"工作品质"可以进一步细分为社会工作品质和生产流程中的工作品质两种。

社会工作品质主要涉及市场研究分析、售后维护等方面。而生产流程和作业品质的关键部分包括管理层的工作效率、专业技术水平、辅助服务的水准等，这些因素以某种方式体现在每个阶段的品质中。每个阶段的品质受到五种要素（即人员、原料、机械工具、制作方法和环境）的影响。因此，项目的整体品质是由每个步骤和所有方面的表现综合决定的，质检仅是发现问题的一部分。

（二）工程项目质量控制

质检管理旨在执行产品品质标准所需的技术操作与行为，而建筑项目的质量监管则涵盖从前期规划到最终运营的所有步骤、各个部分及各种要素的全过程、全面性监控。在中国的大型建设项目中，根据负责人的不同，可以将工程质量管控划分为三类。

1. 项目法人方面的质量控制

项目法人方面的质量控制是指委托监理单位根据国家法律、规范、标准和工程建设的合同文件，对工程建设进行监督和管理。其特点是外部的、横向的、连续的控制。

2. 政府方面的质量控制

政府方面的质量控制通过质量监督机构实施，旨在维护社会公共利益，确保技术法规和标准的有效执行。其特点是外部的、纵向的、定期或不定期抽查的控制。

3. 承包人方面的质量控制

承包人通过建立健全的质量保证体系，加强工序质量管理，严格执行"三检制"（初检、复检、终检），避免返工，提高生产效率等方式来进行质量控制。其特点是内部的、自身的、连续的控制。

二、工程项目质量的特点

（一）影响因素多

各种要素都可能对建筑品质产生影响，例如人员素质、设备状况、物料特性、施工方式以及外部条件（包括人力、机器、物资、技术及自然环境等）等，它们以不同程度决定了项目的质量水平。特别是在水利工程项目的主体工程建设中，通常由多家承包单位共同完成，因此其质量形式较为复杂，影响因素也较多。

（二）质量波动大

由于工程建设周期长，在建设过程中易受到系统因素及偶然因素的影响，使产品质量产生波动。

（三）质量变异大

由于多种因素对工程质量有影响，任何一个变动都可能导致工程项目的质量产生改变。

（四）质量具有隐蔽性

由于工程项目实施过程中，工序交接多，中间产品多，隐蔽工程多，取样数量受到各种因素条件的限制，使产生错误判断的概率增大。

（五）终检局限性大

由于建筑物位置固定等特性，导致在进行质量检查时无法拆解或分离，这使得工程项目最后验收阶段很难发现内部潜藏的质量缺陷。

此外，质量、进度和投资目标之间存在着相互冲突但又紧密联系的关系。因此，工程质量常常受到投资和进度的限制。为此，应根据工程质量的特性严格监管，并确保质量控制贯穿整个项目建设过程。

三、工程项目质量控制的原则

在工程项目建设过程中，对其质量进行控制应遵循以下几项原则。

（一）质量第一原则

"百年大计，质量第一"，建筑项目对国家的进步、经济发展以及民众生活品质具有重要影响。项目的优劣直接关系到国家的繁荣、人民的生命安全和生活福祉，因此需要坚定地奉行"质量至上"的原则。

确立"质量第一"的原则，必须明确并正确处理质量与数量、速度之间的关系。如果项目未能达到预期的质量标准，其规模或进展再大也是毫无意义且没有实际用途的。因此，在追求高质量的同时，必须在保证质量控制需求的前提下，寻求更多的数量、更快的速度以及节约成本的平衡。

（二）预防为主原则

对建设工程项目的品质而言，传统的做法通常是事后才进行检测和评估，将严密审查作为确保品质的唯一手段。然而，这种观念并不够全面。需要将被动的应对方式转变为主动的预防态度，即从传统的后期检测转变为前期的管理工作。

优秀的建筑产品源自于良好的设计和施工实践，而不是单靠检查来保证的。在整个项目管理过程中，必须采取前瞻性措施，消除所有可能导致质量不符合要求的因素，以确保建筑产品的质量。只有在项目的各个阶段（人员、设备、材料、工艺、环境）都得到充分保障的前提下，工程项目的质量才能得到可靠保证。

（三）为用户服务原则

为了满足用户的需求，特别是对品质要求特别注重的用户，高质量的项目必须确保最终用户百分之百的满意度。实施质量管理的关键在于将以用户为中心的服务理念贯穿于所有任务中，并始终保持这种观念。此外，还需要培养一种"下道工序就是用户"的心态。这意味着在整个项目过程中，所有的工作都应当以满足用户需求和期望为核心。从项目的设计阶段开始，就应当考虑用户的感受和体验；在施工过程中，确保每一个环节都符合用户的品质要求；最终在交付和验收阶段，确保用户对项目的每一个方面都感到满意和信任。只有这样，项目才能真正达到高质量的标准，并赢得用户的认可和信赖。

第二节　质量系统建立与运行

一、施工阶段的质量控制

（一）质量控制的依据

施工阶段的质量管理及质量控制的依据大体上可分为两类，即共同性依据及专门技术法规性依据。

1. 共同性依据

共同性依据是指那些适用于工程项目施工阶段与质量控制有关的、具有普遍指导意义和必须遵守的基本文件。主要有工程承包合同文件、设计文件，国家和行业现行的有关质量管理方面的法律、法规文件。

工程承包合同明确规定了参与施工建设的各方在质量控制方面的权利和义务，并依据此对工程质量进行监督和控制。

2. 专门技术法规性依据

质量检验与控制的专门技术法规性依据是针对不同行业和质量控制对象制定的技术法规性文件。主要包括以下内容。

已批准的施工组织设计。这些是承包单位进行施工准备和指导现场施工的规划性、指导性文件。它们详细规定了工程施工的现场布置、人员设备的配置、作业要求、施工工序和工艺、技术保证措施、质量检查方法和技术标准等，是进行质量控制的重要依据。

合同中引用的国家和行业现行的施工操作技术规范、施工工艺规程及验收规范。这些文件是维护正常施工的准则，与工程质量密切相关，必须严格遵守和执行。

合同中引用的有关原材料、半成品、配件的质量依据。包括水泥、钢材、骨料等产品的技术标准，以及相关检验、取样、方法的技术标准。还包括有关材料验收、包装、标志的技术标准。

制造厂提供的设备安装说明书和相关技术标准。这些文件是施工安装承包人进行设备安装必须遵循的重要技术依据，也是进行检查和控制质量的依据。

（二）质量控制的方法

施工过程中质量控制的方法主要有旁站检查、测量、试验等。

1. 旁站检查

监管人员的现场观察与审查是针对关键步骤（即质量管控的关键环节）实施的重要措施，旨在防止出现质量问题。这种方法称为旁站检查，它是一种常见的驻地监理工作模式。根据工程施工难度及复杂性，可采用全过程旁站、部分时间旁站两种方式。对容易产生缺陷的部位，或产生了缺陷难以补救的部位，以及隐蔽工程，应加强旁站检查。

在进行旁站检查时，必须确认施工人员使用的设备、材料和混合物是否满足已经批准的文件规定，并且要审查施工计划和施工技术是否符合相关的技术标准。

2. 测量

测量的关键作用在于确保建筑物的大小和形状的准确无误。对于建设过程中的定位与高度管理需要经过检查，只有合格的项目才能开始动工。对于模板工程，已完工程的几何尺寸，高程、宽度、厚度、坡度等质量指标，应按规定要求进行测量验收，不符合规定要求的需进行返工。测量记录要事先经工程师审核签字后方可使用。

3. 试验

作为一种关键手段，试验被用于检测各类物质与结构内部品质是否达标。所有的建设所用的物资都需要预先通过试验，以确保其符合产品的规格要求，并且只有得到工程师的审核认可才能投入使用。材料试验包括水源、粗骨料、沥青、土工织物等各种原材料，不同等级混凝土的配合比试验，外购材料及成品质量证明和必要的试验鉴定，仪器设备的校调试验，加工后的成品强度及耐用性检验，工程检查等。没有试验数据的工程不予验收。

（三）工序质量监控

1. 工序质量监控的内容

工序质量监控主要包括对工序活动条件的监控和对工序活动效果的监控。

第一，对工序活动条件的监控。主要体现在对可能影响产品制造的关键因素实施管控中。工作流程中的活动监管是确保产品质量稳定的有效方法。尽管在项目开始阶段已对关键要素进行了预先的管理，但部分要素仍可能在执行过程中发生变动，导致其实际效果不符合验收标准，这是造成产品品质波动的主要原因之一。因此，只有通过对工序活动条件进行严格控制，才能实现对工程或产品质量性能特性指标的有效控制。工序活动条件涉及的因素繁多，需要通过分析来确定影响工序质量的主要因素，集中力量解决主要矛盾，并逐步进行调整，以达到质量控制的目标。

第二，对工序活动效果的监控。对工序活动效果的监控主要体现在生产线产品特定参数的管理方面。需要利用各种测试设备来评估并确认每个环节的活动成果，根据试验反馈的信息判断该阶段的工作效率，以确保整体工作的品质稳定性得以维持。具体操作过程：①工序活动前的控制，主要使人、材料、机械、方法或工艺、环境满足要求；②采用必要的手段和工具，对抽出的工序子样进行质量检验；③应用质量统计分析工具（如直方图、控制图，排列图等）对检验所得的数据进行分析，找出这些质量数据所遵循的规律；④根据质量数据分布规律的结果，判断质量是否正常；⑤若出现异常情况，寻找原因，找出影响工序质量的因素，尤其是那些主要因素，须采取对策和措施进行调整；⑥重复前面的步骤，检查调整效果，直到满足要求为止。这样便可达到控制工序质量的目的。

2. 工序质量监控实施要点

对工序活动质量监控基于完善的质量监控体系和质量检查制度，并应确定质量控制计划。一方面，工序质量控制计划要明确规定质量监控的工作程序、流程和质量检查制度；另一方面，需进行工序分析，在影响工序质量的因素中找出对工序质量产生影响的重要因素,进行主动的、预防性的重点控制。例如,在搅拌水泥的过程中,浇筑点的选择和搅拌的时间是最关键的决定因素,因此有必要加强对工程现场的管理力度,同时督促承包商严密把控这些细节。

在施工期间需要实施持续的动态跟踪控制,通过对工序产品进行抽样检验并确定产品质量的波动情况,若工序活动处于异常状态,则应查出影响质量的原因,采取措施排除系统性因素的干扰,使工序活动恢复到正常状态,从而保证工序活动及其产品质量。此外,为确保工程质量,应在工序活动过程中设置质量控制点,进行预控。

3. 质量控制点的设置

设置质量控制点是预防和管理工作流程中品质问题的有效手段。这些质量控制点是指那些在保障项目质量方面至关重要的核心步骤、重要区域和潜在风险区域。应在施工前全面、合理地选择质量控制点,并对设置质量控制点的情况及拟采取的控制措施进行审核。必要时,应对质量控制实施过程进行跟踪检查或旁站监督,以确保质量控制点的施工质量。

二、全面质量管理

全面质量管理(TQM)是企业管理的核心,是企业管理的重要组成部分。全面质量管理要求将企业的生产经营管理与质量管理紧密结合在一起。

(一)全面质量管理的基本概念

全面质量管理是一种基于全体员工积极参与的质量管理策略,被认为是当前质量管理的最高形式,其起源可以追溯到美国的德莱克·菲根鲍姆。他认为,全面质量管理的目标是在最低成本的前提下,同时满足客户需求,并在产品研发、制造和服务等环节实现高效一体化的系统,从而确保公司内部各部门持续改进质量,维持或提升整体质量水平。他的理论经过世界各国的继承和发展,得到了进一步的扩展和深化。1994年版 ISO 9000 族标准中对全面质量管理的定义是:一个组织以质量为中心,以全员参与为基础,目的在于通过让顾客满意和本组织所有成员及社会受益而达到长期成功的管理途径。

（二）全面质量管理的基本要求

1.全过程的管理

每个工程（或产品）的质量都是通过一系列步骤逐步形成的，这些步骤彼此关联并相互作用。每个阶段都对最终的质量状态产生一定影响。因此，为了优化项目的质量管控，需要全面掌控所有相关要素，建立一个整合性的管理系统。这种系统强调预防为主，同时兼顾检测，并注重持续提升。

2.全员的质量管理

工程（或产品）的质量反映了企业各方面、各部门以及各环节工作质量的综合表现。每个环节、每个人的工作质量都以不同程度影响着工程（或产品）的最终质量。因此，工程质量是所有人的责任。只有每个人都关注工程质量，尽职尽责地完成本职工作，才能生产出高质量的工程（或产品）。

3.全企业的质量管理

全面的企业品质管控不仅需要公司各个层级明确品质管理任务，还必须强调各级别的关注重点，并为每个部门制定具体的品质方案、品质指标和应对策略，以实现逐层监控。此外，需要确保分布在不同部门的品质职责得到充分发挥。例如，水利建设中的"三检制"就是一个很好的例子。

4.多方法的管理

随着工程品质受影响因素的多元化发展，涵盖了物理要素和人为成分，涉及科技和管理层面，并考虑了内在和外部环境因素。为了有效提升工程品质，必须全面了解并有效控制所有可能影响品质的关键因素，深入研究它们对工程品质的具体影响。通过巧妙运用各种现代化管理策略来应对工程品质问题是至关重要的。

（三）全面质量管理的基本指导思想

1.质量第一，以质量求生存

无论是哪种商品，都必须达到预设的标准，以确保其实用性和有效性。如果无法满足这些标准，商品可能无法提供其功能，或者不能够充分利用，进而可能对客户和社会造成损害。因此，我们有必要高度重视产品的质量。

贯彻"质量第一"的理念要求企业全体员工，尤其是领导层，具备强烈的质量意识。企业在设定质量目标时，首先应根据用户或市场需求，科学确定质量目标，并合理安排人力、物力、财力来保证质量。当质量、社会效益与企业效益、长远利益与眼前利益发生冲突时，应当优先考虑质量、社会效益和长远利益。

2. 用户至上

在全面质量管理中，"用户至上"这一观念起着核心作用。它强调的是把用户放在首位并为其提供服务的原则。需要努力确保产品的质素与服务水平能达到甚至超越用户的需求。产品质量的好坏最终应以用户的满意程度为标准。这里所说的用户是广义的，不仅指产品出厂后的直接用户，而且指在企业内部下道工序是上道工序的用户。如混凝土工程中，模板工程的质量直接影响混凝土浇筑这一道关键工序的质量。每道工序的质量不仅影响下道工序的质量，也会影响工程进度和费用。

3. 质量是设计、制造出来的，而不是检验出来的

在生产流程中，检验至关重要，其主要目的是防止低质的产品流入市场并提供相关数据给相关部门。但影响产品质量好坏的真正原因并不在检验，而在于设计和制造。设计质量是先天性的，在设计时就已经决定了质量的等级和水平，而制造只是实现了设计质量，是符合性质量。二者不可偏废，都应重视。

第三节 水利工程质量事故的处理

一、工程质量事故与分类

所有水力发电项目在其建造过程中或者完成之后，由于设计、建筑、监督、原料、装备、工程管理及顾问等各方面的因素导致了工程品质无

法达到规定规则、准则与合约设定的品质要求，影响工程的使用寿命或正常运行，需采取补救措施或返工处理的，统称"工程质量事故"。日常所说的事故大多指施工质量事故。

在水利水电工程中，根据工程的持久性和正常运行的影响力、质量问题检查和处理对工期的影响以及直接经济损失的大小，将质量事故分为一般质量事故较大质量事故、重大质量事故和特大质量事故。

（一）一般质量事故

指对工程造成一定经济损失，经处理后不影响正常使用，不影响工程使用寿命的事故。达不到一般质量事故标准的统称为质量缺陷。

（二）较大质量事故

指对工程造成较大经济损失或延误较短工期，经处理后不影响正常使用，但对工程使用寿命有较大影响的事故。

（三）重大质量事故

指对工程造成重大经济损失或延误较长工期，经处理后不影响正常使用，但对工程使用寿命有较大影响的事故。

（四）特大质量事故

指对项目造成巨大经济损失或长时间的工程延误，即使处理后仍然对项目的正常运行和寿命产生重大影响的事件。

二、工程质量事故的处理

（一）引发事故的原因

工程质量问题的产生受多种因素影响，其中最基本的包括人为因素、机械设备、材料选择、制作过程以及环境条件等，通常可以分为直接原因和间接原因。

直接原因通常是人类行为未能遵循标准或设备未能达到要求。例如，设计师未按规定进行设计，监督者未执行准则进行监管任务，施工人员违反操作规程等，这些属于人为行为不规范；另外，如水泥、钢材等材料未达到规定标准，属于材料不合格状态。

间接原因则通常由施工管理混乱、质量检查监督不到位、质量保证体系不完善等环境条件不佳导致，这些间接原因往往会间接促成直接原因的发生。

为了找出事故根源，可以调查工程项目的各参与方，包括业主、监督机构、设计团队、施工团队，甚至是材料、机械设备供应商的行为，这些都可能是导致质量问题的因素。

（二）事故处理的目的

工程质量事故分析与处理的主要目的包括：①正确分析事故原因，防止事故恶化；②创造正常的施工条件；③排除隐患，预防类似事故再次发生；④总结经验教训，明确事故责任；⑤采取有效的处理措施，尽量减少经济损失；⑥保障工程质量，确保项目顺利完成。

（三）事故处理的原则

质量事故发生后，应坚持"三不放过"的原则，即事故原因不查清不放过，事故主要责任人和职工未受到教育不放过，补救措施不落实不放过。

出现质量问题时，必须立即通知相关部门（如业主、监管公司、设计师及质检部门等），并递交一份详细的质量问题报告。根据质量问题所导致的任何财务损失，我们始终遵循"谁的责任就由谁来承担"的基本原则。具体情况如下：①如果质量问题责任在施工承包商身上，那么事故分析和处理的所有费用由承包商自行负担。②如果在施工过程中质量问题责任不在承包商身上，承包商可以根据合同向业主提出索赔。③如果事故责任在设计或监理单位，应按照合同条款对相关单位进行经济处罚。④如果发生的质量问题构成犯罪行为，应将其移交给司法机关处理。

（四）事故处理的程序和方法

1. 事故处理的程序

事故处理的程序通常包括以下步骤：①下达工程施工暂停令。发生事故后，首先需要立即下达工程施工暂停令，停止所有相关施工活动，以防止事态扩大和进一步风险。②组织人员调查事故原因。组织专业人员和相关部门的人员对事故原因进行调查和分析，收集事故现场的证据和资料。③事故原因分析。对事故的根本原因进行深入分析，包括直接原因和间接因素，以确定造成事故的主要因素和链条。④事故处理与检查验收。根据事故原因分析的结果，制定和实施有效的事故处理措施，包括修正和改进工程或管理措施。完成修复工作后，进行检查和验收，确保问题得到彻底解决。⑤下达复工令。在确保安全和质量的前提下，下达复工令，恢复工程施工活动，继续项目的正常进行。

2. 事故处理的方法

事故处理的方法有两大类。

（1）修补

这种方法适用于通过修补可以不影响工程的外观和正常使用的质量事故。

（2）返工

这种方法适用于严重违反规定或准则，对工程使用和安全产生影响，且无法修补，需要重新处理的质量问题。

尽管某些工程质量问题已超出规定标准的范围，并具备质检问题的特性，但根据项目具体情况，需要经过深入研究评估合适的处理方式。例如，如混凝土出现蜂窝、麻面等缺陷，可以通过涂抹、打磨等方式进行处理。此外，如果由于欠挖或模板问题导致结构断面被削弱，经过设计复核验算后仍能够满足承载要求，也可以不进行处理。但是必须详细记录这些问题，并获得设计和监理单位的认可和意见。

第四节　水利工程质量评定与验收

一、工程质量评定

（一）工程质量评定的意义

评估项目质量是一个系统性过程，根据全国性或相关行业部门设定的当前规范与策略，对特定建筑任务的结果进行评价，并确定其质量水平。这一步骤的主要目的是确保所有参与者都遵循相同的标准和方法来衡量质量，从而准确展示项目的实际情况，使其具有可比性。同时，项目质量评估也用于考核企业等级和技术水平，推动施工企业提升质量。工程质量评定以单元工程质量评定为基础，其评定顺序包括单元工程、分部工程和单位工程。评定过程中，施工单位（承包商）首先进行自评，然后由建设（或监理）单位进行复核，最后提交给政府质量监督机构进行核定。

这种评定流程能够确保质量评估的客观性和准确性，有助于监管机构有效监督和管理工程质量，保障工程的可持续发展和安全性。

（二）工程质量评定依据

国家与水利水电部门颁布的有关行业规程、规范和技术标准，以及经批准的设计文件、施工图纸、设计修改通知，厂家提供的设备安装说明书及相关技术文件，以及工程合同采用的技术标准，都是工程质量管理中非常重要的依据和参考文件。这些文件和标准包括行业规程、规范和技术标准、设计文件、施工图纸和设计修改通知、设备安装说明书及相关技术文件、工程合同采用的技术标准、工程试运行期间的试验及观测分析成果等。

（三）工程质量评定标准

1. 单元工程质量评定标准

当单元工程质量达不到合格标准时，必须及时处理，其质量等级按以下原则确定：①全部返工重做的，可重新评定等级。②经加固补强并经过鉴定能达到设计要求的，其质量只能评定为合格。③经鉴定达不到设计要求，但建设（监理）单位认为能基本满足安全和使用功能要求的，可不补强加固；或经补强加固后，改变外形尺寸或造成永久缺陷的，建设（监理）单位认为能基本满足设计要求的，其质量可按合格处理。

2. 分部工程质量评定标准

分部工程质量合格的条件：①单元工程质量全部合格；②中间产品质量及原材料质量全部合格，金属结构及启闭机制造质量合格，机电产品质量合格。分部工程质量优良的条件：①单元工程质量全部合格，其中有 50% 以上达到优良，主要单元工程、重要隐蔽工程及关键部位的单位工程质量优良，且未发生过质量事故；②中间产品质量全部合格，其中混凝土拌和物质量达到优良，原材料质量、金属结构及启闭机制造质量合格，机电产品质量合格。

3. 单位工程质量评定标准

单位工程质量合格的条件：①分部工程质量全部合格；②中间产品质量及原材料质量全部合格，金属结构及启闭机制造质量合格，机电产品质量合格；③外观质量得分率在 70% 以上；④施工质量检验资料基本齐全。

单位工程质量优良的条件：①分部工程质量全部合格，其中有 80%以上达到优良，主要分部工程质量优良，且未发生过重大质量事故；②中间产品质量全部合格，其中混凝土拌和物质量达到优良，原材料质量、金属结构及启闭机制造质量合格，机电产品质量合格；③外观质量得分率在 85% 以上；④施工质量检验资料齐全

4. 总体工程质量评定标准

单位工程质量全部合格，工程质量可评为合格；如其中 50% 以上的单位工程质量优良，且主要建筑物单位工程质量优良，则工程质量可评为优良。

二、工程质量验收

（一）工程质量验收概述

工程质量验收是依据预先设定的验收标准，在工程质量评定的基础上，通过一定的手段检验工程产品的特性是否符合要求的过程。水利水电工程的验收包括分部工程验收、阶段验收、单位工程验收和竣工验收。根据验收的性质，工程质量验收可分为投入使用验收和完工验收。

1. 工程验收的主要目的

确保工程在施工过程中严格按照批准的设计方案进行建设，符合设计文件的要求。

检查已完工的工程在设计、施工、设备制造、安装等方面的质量，确保各项工作符合技术标准和验收标准，并提出必要的处理要求。

确认工程达到投入使用或进行下一阶段建设的基本要求和条件。

总结经验教训和评价工程，评价工程的整体质量和施工过程，为未来类似项目提供参考和改进方向。

确保工程及时移交使用，使投资能够早日产生效益，并保障工程长期运行和维护的顺利进行。

2. 工程验收的依据

有关法律、规章和技术标准，主管部门有关文件，批准的设计文件及相应设计变更、修设文件，施工合同，监理签发的施工图纸和说明，设备技术说明书等。当工程具备验收条件时，应及时组织验收。未经验收或验收不合格的工程不得交付使用或进行后续工程施工。验收工作应相互衔接，不应重复进行。

工程进行验收时，需要有质量评定意见的支持。在水利水电工程中，具体的验收流程包括阶段验收和单位工程验收，这些阶段必须得到水利水电工程质量监督单位的工程质量评价意见。此外，竣工验收阶段更为严格，需要水利水电工程质量监督单位提供工程质量评定报告，竣工验收委员会则在此基础上对工程质量进行最终的评定和等级确定。

（二）工程质量验收的主要工作

1. 分部工程验收

分部工程验收应具备的条件：所有分部工程单元的完成并且其质量都达到了验收标准是必须满足的条件。

分部工程验收的主要工作：鉴定工程是否达到设计标准；按现行国家或行业技术标准,评定工程质量等级；对验收遗留问题提出处理意见。分部工程验收的图纸、资料和成果是竣工验收资料的组成部分。

2. 阶段验收

阶段验收应具备的条件：根据工程建设需要，当工程建设达到某些关键阶段时（如基础处理完毕、截流、水库蓄水、机组启动、输水工程通水等），应进行阶段验收。

阶段验收的主要工作：检查已完工程的质量和形象面貌；检查在建工程建设情况；检查待建工程的计划安排和主要技术措施落实情况，以及是否具备施工条件；检查拟投入使用工程是否具备运行条件；对验收遗留问题提出处理要求。

3. 完工验收

完工验收应具备的条件：所有分部工程已经完工并验收合格。

完工验收的主要工作：检查工程是否按批准的设计完成建设；检查工程质量，评定质量等级，对工程缺陷提出处理要求；对验收遗留问题提出处理要求；按照合同规定，施工单位向项目法人移交工程。

4. 竣工验收

竣工验收应具备的条件：工程已按批准的设计规定的内容全部建成；各单位工程能正常运行；历次验收所发现的问题已基本处理完毕；归档资料符合工程档案资料管理的有关规定；工程建设征地补偿及移民安置等问题已基本处理完毕，工程主要建筑物安全保护范围内的迁建和工程管理土地征用工作已经完成；工程投资已经全部到位；竣工决算已经完成并通过竣工审计。

竣工验收的主要工作：审查项目法人"工程建设管理工作报告"和初步验收工作组"初步验收工作报告"，检查工程建设和运行情况，协调处理有关问题，讨论并通过"竣工验收鉴定书"。

参考文献

[1] 曹毅.水利工程施工管理中存在的问题及对策 [J]. 城市建设理论研究（电子版），2023（34）：58–60.

[2] 陈立柱.大型复杂双源供水工程施工技术要点探究 [J]. 四川建材，2024（1）：131–133+136.

[3] 陈世阳.水利工程灌溉施工技术及质量控制策略探析 [J]. 水上安全，2023（16）：25–27.

[4] 陈泽.论加强水利工程施工技术管理对策 [J]. 水上安全，2023（12）：133–135.

[5] 崔文明.水利工程施工中土方填筑施工技术分析 [J]. 石河子科技，2024（1）：70–72.

[6] 樊佳男，周洁，杨波，等.水利工程护岸挡墙基础施工运用水泥搅拌桩的解析 [J]. 中华建设，2024（2）：148–150.

[7] 高喜永，段玉洁，于勉.水利工程施工技术与管理 [M]. 长春：吉林科学技术出版社，2019.

[8] 高月.施工质量管理在水利工程项目中的应用研究 [D]. 大连：大连海事大学，2017.

[9] 耿娟，严斌，张志强.水利工程施工技术与管理 [M]. 长春：吉林科学技术出版社，2022.

[10] 耿娟.水利工程施工安全管理标准化体系构建研究 [J]. 水上安全，2023（15）：43–45.

[11] 顾介昌，钟琦.水利工程混凝土冬季施工浇筑及养护技术研究 [J]. 东北水利水电，2024（1）：11–13+40+71.

[12] 管魁.水利工程施工管理中信息化技术的应用分析 [J]. 黑龙江水利科技，2024（2）：131–133+155.

[13] 黄世强.水利工程施工技术及其现场施工管理对策 [J]. 水上安全，2023（16）：172–174.

[14] 姬志军，邓世顺.水利工程与施工管理 [M]. 哈尔滨：哈尔滨地图出版社，2019.

[15] 江涛.水利水电工程施工中的信息化技术应用与优化管理研究 [J]. 治淮，2024（1）：38–39.

[16] 金国磊，吴华欢，尹上，等.水利工程中截渗墙施工技术要点及管理措施分析

[J]. 工程与建设，2023（5）：1542–1544.

[17] 孔雷，赵群群，陈雪梅 . 探究水利工程施工管理特点及质量控制措施 [J]. 工程与建设，2023（6）：1897–1898+1901.

[18] 李炜 . 水利工程施工中土方填筑施工技术探析 [J]. 工程建设与设计，2024（2）：164–166.

[19] 李宗权，苗勇，陈忠 . 水利工程施工与项目管理 [M]. 长春：吉林科学技术出版社，2022.

[20] 梁伟超 . 水利工程施工技术措施及水利工程施工技术管理 [J]. 城市建设理论研究（电子版），2023（33）：178–180.

[21] 林观涛 . 水利工程河道堤防施工质量管理研究 [J]. 工程技术研究，2023，8（21）：132–134.

[22] 吕峰 . 水利工程全过程施工管理的重要性及要点 [J]. 大众标准化，2023（20）：81–83.

[23] 马振宇，贾丽炯 . 水利工程施工 [M]. 北京：北京理工大学出版社，2014.

[24] 任海民 . 水利工程施工管理与组织研究 [M]. 北京：北京工业大学出版社，2023.

[25] 唐智杰 . 水利工程监理施工阶段的质量控制措施探究 [J]. 四川建材，2023，49（10）：202–203+206.

[26] 田茂志，周红霞，于树霞 . 水利工程施工技术与管理研究 [M]. 长春：吉林科学技术出版社，2022.

[27] 王翠莉 . 水利工程施工安全生产管理思考 [J]. 海河水利，2024（1）：50–52.

[28] 王锋博 . 水利工程堤坝多维防渗施工技术应用研究 [J]. 吉林水利，2024（2）：74–78.

[29] 王洁 . 水利工程建设施工成本控制的方法研究 [D]. 贵阳：贵州大学，2021.

[30] 徐俊 . 水利工程项目施工成本控制与管理优化研究 [D]. 南昌：南昌大学，2009.

[31] 许锐波 . 水利工程施工中的土方填筑施工技术 [J]. 城市建设理论研究（电子版），2023（36）：181–183.

[32] 薛静，杨波，樊佳男，等 . 某水利工程防渗处理及施工效果检验 [J]. 中华建设，2024（2）：163–165.

[33] 颜宏亮，侍克斌 . 水利工程施工 [M]. 西安：西安交通大学出版社，2015.

[34] 于雄 . 水利工程施工管理中存在的问题及对策 [J]. 城市建设理论研究（电子版），2023（36）：70–72.

[35] 张继永，刘霞 . 水利工程施工现场管理技术要点分析 [J]. 水上安全，2023（15）：133–135.

[36] 张晓涛，高国芳，陈道宇 . 水利工程与施工管理应用实践 [M]. 长春：吉林科学

技术出版社，2022.

[37] 张迎东. 水利工程施工管理的优化策略研究 [J]. 水上安全，2023（13）：22-24.

[38] 张作勋. 水利工程施工中的环境保护与生态建设研究 [J]. 水上安全，2023（15）：103-105.

[39] 赵金龙. 水利水电工程施工质量控制分析 [J]. 水上安全，2023（13）：134-136.

[40] 赵黎霞，许晓春，黄辉. 水利工程与施工管理研究 [M]. 长春：吉林科学技术出版社，2022.

[41] 郑丽娟. 水利水电工程施工安全评价与管理系统研究 [D]. 保定：河北农业大学，2015.